AI实操大全

王晓蕾 姜旬恂 王悠 编著

人民邮电出版社
北京

图书在版编目（CIP）数据

AI实操大全 / 王晓蕾, 姜旬恂, 王悠编著. -- 北京 : 人民邮电出版社, 2025. -- ISBN 978-7-115-65954-5

I. TP18

中国国家版本馆CIP数据核字第2024BJ8416号

内 容 提 要

本书是基于人工智能生成内容（AIGC）技术撰写的实用指南，力求通过简洁明了的语言，以“案例+步骤”的方式详细介绍AIGC在各领域中的应用，使读者能够使用AIGC技术来提高自身工作效率、丰富生活及增强内容创作能力。

本书共6章。第1章介绍了AIGC的基本概念，向AIGC提问的技巧、方法，优化AI回答的指令，以及目前市面上的主流AIGC应用。第2章至第5章详细介绍了AIGC在生活、工作、娱乐、教育等领域中的应用，为读者提供了相关案例和操作方法。第6章介绍了AIGC在其他领域中的应用，涉及AI音乐、AI视频、AI剪辑等方面，为读者提供了丰富的内容创作思路。

随书附赠学习资源，包含《DeepSeek快速入门指南》电子资料、ChatGPT提示词示例、Midjourney关键提示词表及文心一言提示词示例，以便于读者更高效进行学习。

本书适合新媒体从业者、内容创作者、AI技术爱好者、教育工作者和学生阅读，对于对AIGC感兴趣的读者也具有参考价值。

◆ 编　　著　王晓蕾　姜旬恂　王　悠
　责任编辑　王　冉
　责任印制　陈　犇

◆ 人民邮电出版社出版发行　　北京市丰台区成寿寺路11号
　邮编　100164　　电子邮件　315@ptpress.com.cn
　网址　https://www.ptpress.com.cn
　雅迪云印（天津）科技有限公司印刷

◆ 开本：700×1000　1/16
　印张：14.5　　2025年5月第1版
　字数：243千字　　2025年5月天津第1次印刷

定价：69.80元

读者服务热线：(010)81055410　印装质量热线：(010)81055316
反盗版热线：(010)81055315

前言

PREFACE

在当今科技快速发展的时代，人工智能生成内容（AIGC）已经成为一个备受瞩目的领域。随着人工智能AI技术的不断进步，AIGC不仅改变了传统的内容创作方式，也为各行各业提供了全新的可能性和无限的创作空间。本书将深入剖析AIGC在各领域中的应用，涵盖从基础知识到前沿应用、从理论框架到实战案例的内容。

内容框架

本书是基于AI工具编写而成的，由于从编辑到出版需要一段时间，因此本书中涉及的AI工具的功能和界面可能会有变动，建议读者灵活对照自身使用的版本进行变通学习。

本书共6章，具体内容如下。

第1章“AIGC：引领智能创作新时代”：介绍了AIGC的基本信息，向AIGC提问的技巧、方法，优化AI回答的指令，以及目前市面上主流的AIGC应用。

第2章“生活与便捷：AI智享，便捷新生活”：介绍了AI工具在生活中的应用，包括充当健身教练、导游、化妆师等，以及提供的心理与情感上的辅导。

第3章“工作与效率：AI职场小助手”：介绍了AI工具在职场中的应用，包括AI办公、AI写作和AI设计，高效助力读者实现职场飞跃。

第4章“娱乐与创意：AI点亮彩色新生活”：主要介绍了AI绘画和AI修图，通过案例和步骤的方式，帮助零基础读者创作出优秀作品。

第5章“教育与创新：书写教学新篇章”：介绍了AI工具在教育中的应用，包括协助备课、课堂助教、评测作业和生成论文摘要等。

第6章“其他领域：AI的进步与创新”：介绍了AI工具在其他领域中的应用，包括AI音乐、AI视频和AI剪辑等。

本书特色

14种提问策略，助力读者与AI高效沟通：本书通过全面讲解向AI提问的策略，包括7种提问技巧、4种提问方法及优化AI回答的3个指令等，帮助读者从入门到精通，让学习更高效。

12个应用领域，提供创作工具及方法：本书涉及12个不同的应用领域，详细介绍了AIGC在生活、工作、娱乐、教育等领域中的应用，帮助读者在不同场景下有效利用AI工具，提高工作效率，丰富创作手段，提升生活质量。

91个实战案例，提供丰富创作思路：本书采用了91个应用案例进行步骤式详解，案例内容通俗易懂，读者可以一目了然，快速领会，举一反三。

适用人群

- ◆ 内容创作者、AI技术爱好者。
- ◆ 新媒体从业者、教育工作者或学生。
- ◆ 对AIGC感兴趣的读者。

本书力求内容完善，语言简洁明了，注重理论与实践相结合，通过大量案例分析和步骤详解，让读者能够真正掌握AI工具的各项功能和应用技巧。由于笔者学识所限，书中难免有疏漏之处，敬请广大读者批评、指正。

编者

2024年10月

目录

CONTENTS

第1章 AIGC：引领智能创作新时代

第2章 生活与便捷：AI智享，便捷新生活

第3章 工作与效率：AI职场小助手

第4章 娱乐与创意：AI点亮彩色新生活

第5章 教育与创新：书写教学新篇章

第6章 其他领域：AI的进步与创新

第 1 章

AIGC：引领智能创作新时代

在科技飞速发展的今天，人工智能（Artificial Intelligence ,AI）已不再是一个遥不可及的科幻概念，而是逐渐渗透到我们生活的方方面面。特别是当AI与创作领域相结合时，诞生了一种全新的力量——AIGC。它正以前所未有的速度，引领着智能创作进入一个崭新的时代。本章将介绍AIGC的基本概念、如何向AICG提问，以及目前常用的AI内容生成平台或工具。

1.1 AIGC概述

人工智能生成内容（Artificial Intelligence Generated Content，AIGC），是指利用AI技术，通过机器学习（Machine Learning，ML）、自然语言处理（Natural Language Processing，NLP）、计算机视觉等技术手段，自动生成文本、图像、音频、视频等多种形式的内容。AIGC的生成不依赖于人类的直接创作，而是AI通过分析大量的数据，学习并模仿人类的创作规律和风格，从而自动生成具有创造性和独特性的内容。

1.1.1 AIGC的发展历程

AI的发展历程可以追溯到1950年，当时被称为“计算机科学之父”的艾伦·图灵（Alan Turing）发表了开创性的论文“Computing Machinery and Intelligence”。在这篇文章中，图灵提出了一个重要问题：“机器能思考吗？”，为了测试机器，他设计了著名的“图灵测试”，如图1-1所示。

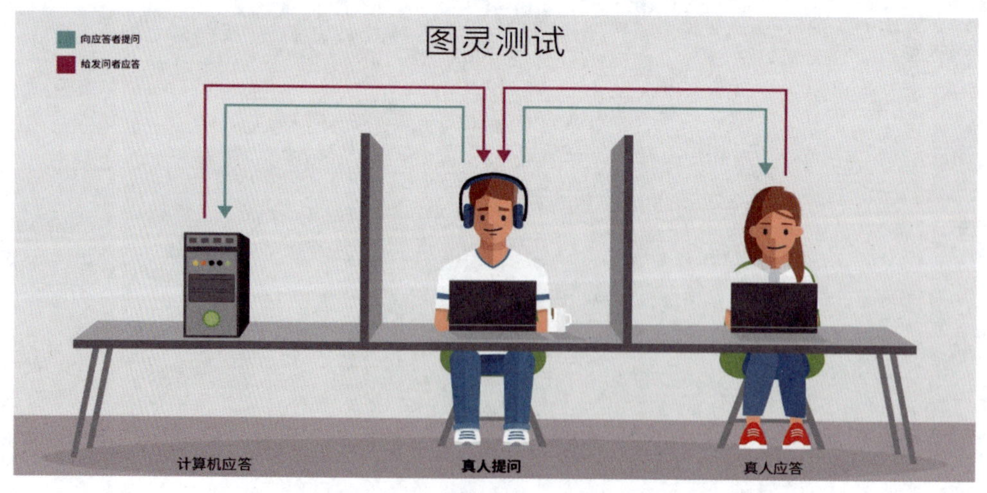

图1-1

提示 图灵测试是指由人类评审者分别与机器和人类对话，如果人类评审者无法准确判断谁是人类、谁是机器，则该机器就通过了图灵测试。

AIGC的发展历程可以大致分为3个阶段。

第一个阶段是概念兴起阶段，从20世纪50年代到90年代中期。在这个阶段，AIGC的概念初现，但受科技水平限制，仅在小范围内进行实验。例如，莱杰伦·希勒（Lejaren Hiller）和伦纳德·艾萨克森（Leonard Isaacson）通过将计算机程序中的控制变量替换为音符，创作了历史上首支由计算机生成的音乐作品——《伊利亚克组曲》，被认为数字音乐和AI音乐的先驱。

第二个阶段是缓速发展阶段，从20世纪90年代中期到2010年前后。在这个阶段，AIGC的发展相对缓慢，未有重大突破。虽然有一些里程碑事件，如1997年IBM的"深蓝"计算机战胜了国际象棋世界冠军加里·卡斯帕罗夫（Garry Kasparov），但AIGC整体的发展速度较为平缓。

第三个阶段是快速发展阶段，从2015年左右至今。在这个阶段，随着AI技术，尤其是深度学习、神经网络等技术的不断进步，AIGC迎来了快速的发展与广泛应用。这个阶段出现了许多重要的应用，如语音助手、自动驾驶汽车和智能家居等。同时，AIGC的应用领域也在持续扩大，为人类带来更多的便利和创新。

1.1.2 生成内容进入了新时代

互联网内容生产方式经历了PGC—UGC—AIGC的转变过程，如表1-1所示。

表 1-1

互联网形态	Web 1.0	Web 2.0	Web 3.0 & 元宇宙
生产方式	PGC	UGC	AIGC
生产主体	专业人	非专业人	AI
特点	质量高	内容丰富	生产效率高

在Web 1.0时代，信息主要通过只读模式进行传递，这种模式主要依赖于专业创作者生产内容。专业生产内容（Professional Generated Content，PGC）的产出决定了用户能够获取的绝大部分内容。在这一时期，用户更多的是被动地接受信息，而没有太多参与内容创作的渠道和机会。随着互联网的发展和用

户数量的增长，这种模式逐渐不能满足用户的需求，进而促进了Web 2.0时代的到来。

在Web 2.0时代，用户之间的信息交流主要通过网络双向沟通实现。随着用户对内容的需求不断增加，内容生产方式开始从单一的PGC向UGC（User Generated Content，用户生产内容）转变。这一转变激发了用户的创作热情，尤其是在短视频领域，大量富有创意的作品都是出自用户之手。这种转变也促进了内容的创新和多样性，满足了用户对于不同类型内容的需求。同时，随着互联网技术的不断进步，用户参与内容创作的途径和机会也在不断增加，这进一步推动了UGC的发展和普及。

AIGC作为推动数字经济从Web 2.0时代迈向Web 3.0时代的重要生产力工具，其内容生态系统正日益丰富多元。这不仅提高了内容生产的效率，还拓宽了内容的多样性边界。随着NLP技术和扩散模型的飞速进步，AI不再仅仅是内容创造的辅助工具，而是能够独立创造内容的重要工具。未来，文字生成、图片绘制、视频剪辑、游戏内容生成等都可以由AI完成。

1.2 提问技巧：高效沟通的7种提问技巧

提问是一门艺术，向AI提问也是如此。有效的提问往往能够使你更容易获得想要的答案。下面介绍向AI提问的7种技巧。

1.2.1 明确问题

在向AI提问之前，要先明确问题。尽量用简洁、清晰的语言表达问题的核心。如果问题过于宽泛或含糊不清，AI可能会给出模糊或不相关的回答。下面举例子说明。

1. 不明确的问题："最近有什么好看的电影？"

   明确的问题："请推荐一些最近上映的悬疑电影。"

2 不明确的问题："怎么学好外语？"

明确的问题："我想学习法语，你有什么建议和资源推荐吗？"

3 不明确的问题："旅游的最佳时间是什么时候？"

明确的问题："我最近计划去泰国旅行，你能告诉我泰国的最佳旅游季节吗？"

通过将问题具体化和明确化，可以使AI更好地理解你的需求并给出更有针对性的回答。一个具体而清晰的问题有助于AI迅速定位并提供你真正需要的信息，从而提高对话的效率和满意度。

1.2.2 简明扼要

AI喜欢简洁明了的问题。避免复杂的句子结构，用简单直接的语言描述问题，可以提升AI对问题理解的精准度。下面举例说明。

1 冗长的问题："我在某某城市有点事，我需要在一个在市中心附近、价格适中的酒店，酒店要有免费早餐和免费停车场。你能推荐一些吗？"

简明的问题："你能推荐一个某某城市价格适中、位于市中心、带免费早餐和免费停车场的酒店吗？"

2 冗长的问题："我对新闻感兴趣，尤其是科技和娱乐方面的新闻。你有什么推荐的新闻源吗？"

简明的问题："你能推荐一些科技和娱乐方面的新闻源吗？"

3 冗长的问题："我最近在学习编程，我想知道最好的在线编程课程是什么，哪个平台有最好的编程教学资源？"

简明的问题："你能推荐一些优质的在线编程课程和编程教学平台吗？"

使用简洁明了的语言，可以让问题更易于理解和处理。这有助于AI更好地捕捉到问题的核心，提供相关性强且准确的回答。避免过多的细节和复杂的句子结构，有助于提升交流的效率和准确性，使你与AI的对话更加流畅、顺利。

1.2.3 避免二义性

在向AI提问时，需确保问题明确，没有歧义。AI可能会根据问题的字面意思进行回答，而忽略其中的潜在含义。如果问题有多种解释，则需提供更多上下文信息。下面举例说明。

1. 二义性问题："能告诉我有关苹果的信息吗？"

   避免二义性："我对苹果公司感兴趣，你能提供一些关于其历史和产品的信息吗？"

2. 二义性问题："这部电影好看吗？"

   避免二义性："你认为某电影是否值得观看？"

3. 二义性问题："明天的天气怎么样？"

   避免二义性："能告诉我明天早上8点关于纽约的天气吗？"

为了避免二义性，需要提供足够的上下文或具体细节，以确保AI能够正确理解你的意图。通过明确指定对象、时间、地点等关键信息，可以避免歧义和造成混淆。尽量将问题的背景和条件清晰地传达给AI，以便它能够提供更准确和有针对性的回答。

1.2.4 避免绝对化问题

AI通常不能回答绝对化的问题。避免使用诸如"永远""最好的"或"最适合"这种过于绝对的词。相反，用更加客观和相对的方式提问，AI才更容易给出更有用的答案。

避免绝对化问题是和AI准确交流的关键。下面举例说明。

1. 绝对化问题："什么是世界上最好的手机？"

   避免绝对化："能介绍一些当前市场上受欢迎的手机品牌及相关型号吗？"

2. 绝对化问题："哪个城市是全球最美丽的城市？"

   避免绝对化："你能推荐一些风景优美的城市吗？"

③ 绝对化问题："什么是最有效的减肥方法？"

避免绝对化："你能提供一些帮助我减肥的建议吗？"

使用具有相对性的表达方式，可以让AI提供更具有客观性和实用性的答案。向AI提供一些可选项和不同的观点，可以帮助AI给出更灵活和有用的回答。

1.2.5 利用引导词

在提问时，可以使用一些引导词来指导AI进行回答。例如，使用"如何""为什么""哪个"等词可以引导AI提供更详细和更有针对性的回答。下面举例说明。

① 引导词："如何"。问题："如何学习一门新的编程语言？"

这个引导词可以引导AI提供关于学习编程语言的步骤、资源或技巧的回答。

② 引导词："为什么"。问题："为什么锻炼对身体很重要？"

这个引导词可以引导AI解释锻炼对身体的益处或科学原理。

③ 引导词："哪个"。问题："在纽约市，哪个博物馆是比较受欢迎的？"

这个引导词可以引导AI提供关于纽约市比较受欢迎的博物馆信息和评价。

通过不同的引导词，可以调整问题的语气和期望的回答类型。引导词可以指示AI提供指导、解释、推荐或相对性的回答，以满足个性化需求。

需要注意的是，利用引导词只是一种提问技巧，AI仍然主要根据其训练数据和模型来生成回答，所以回答内容可能因训练数据和模型的限制而有所差异。

1.2.6 检查语法和拼写错误

在与AI对话之前，需要检查问题的语法和拼写错误。虽然AI可以理解一些语法或拼写错误，但确保问题清晰、准确无误可以提高回答的质量和效果。

1.2.7 追问细节

有时候AI可能无法准确理解你的问题或需求。如果得到的回答不完全符合期望，可以追问一些细节来进一步得到更好的回答。通过进一步的对话和交流，可以让AI对你的问题有更好的理解，从而得到更准确的回答。以下是一些关于追问细节的例子。

1. 问题："我正在计划去旅行，你有什么建议？"

   回答："您可以考虑去欧洲或亚洲旅行。"

   追问："对于欧洲和亚洲，你能给我一些具体的目的地建议吗？"

2. 问题："我想读一本好书，你有什么推荐吗？"

   回答："你可以试试阅读《人类简史》或者《1984》。"

   追问："这两本书的主题是什么？"

3. 问题："我需要一份健康的早餐食谱，你有什么建议？"

   回答："您可以尝试燕麦片和水果的组合。"

   追问："这种早餐组合对身体有什么好处？"

通过追问细节，可以向AI提出更具体和详细的信息需求，以获取更加准确和个性化的回答。

1.3 高效提问：常用的4种提问方法

AI生成内容的质量与用户的提问方法密切相关，因此用户应采取恰当的提问方法，以确保AI生成内容的质量。本节将介绍常用的4种提问方法。

1.3.1 基础指令提问法

此类提问方法是通过提供特定的指令来引导AI回答问题，适用于简单而明确的任务。换言之，你可以将AI当成一本百科全书来直接提问。下面举例说明。

Q 自然语言处理是什么？

A 自然语言处理（Natural Language Processing，NLP）是人工智能和计算机科学的一个子领域，专注于计算机和人类语言之间的互动。具体来说，NLP是以语言为对象，使用计算机来处理和分析大量自然语言数据。其目的是使计算机能够理解、解释、生成和回应人类的语言。

NLP包含的主要技术和任务如下。

1.分词和词性标注：将句子分解成词语，并为每个词语标注词性（如名词、动词等）。

2.命名实体识别（Named Entity Recognition，NER）：识别文本中的实体，如人名、地名、组织名等。

3.句法解析：分析句子的语法结构，识别主语、谓语、宾语等句子成分。

4.情感分析：确定文本的情感倾向，如积极、消极或中性。

5.机器翻译：将文本从一种语言自动翻译成另一种语言。

6.语义分析：理解句子或文本的意义，包括同义词识别和文本的含义。

7.对话系统开发：开发能够与人类进行自然对话的系统，如聊天机器人和虚拟助手。

8.文本生成：自动生成自然语言文本，如新闻报道或产品描述。

NLP技术被广泛应用于搜索引擎、语音助手（如Siri和Alexa）、自动翻译工具、社交媒体监控、客户服务聊天机器人等多个领域。NLP的发展依赖于计算语言学、机器学习和深度学习等多个学科的交叉融合。

这种提问方式通常适用于简单的百科式问答，不需要多余的思考，可以省去查询资料的时间。

1.3.2 问题情景模拟法

通常而言，AI用来解决我们在工作或是生活中遇到的问题，我们可以通过描述特定的情境来帮助AI理解问题及其背景，以便于它更好地回答问题。此类方法可以套用提示词模版：设定角色+描述问题+提出需求+补充问题。下面举例说明。

Q 你是一个科幻小说编辑，现在你正在准备编写一个科幻类的剧本，这个剧本的主要内容是人类对外星生命的探索。请给出这个剧本的主要思路和框架。补充：文中不得出现违背伦理和人性等方面的内容。

注：____为设定角色，____为描述问题，____为提出需求，____为补充问题。

A 科幻剧本：人类对外星生命的探索。

主要思路：

地球上的科学家们在太空探索过程中发现了一颗遥远的行星，其表面可能有生命迹象；剧本将围绕这次探索行动展开，侧重科学技术的突破、外星生态系统的研究和人类与外星生命的互动。

框架：

第一幕：发现。

引子：地球上的天文观测站发现了一颗与地球相似的行星，并将其命名为“新黎明”，初步数据表明这颗行星上可能存在液态水和氧气。

背景介绍：地球联合太空探索计划建立，展示科技进步和国际合作的努力。

任务启动：宇航员团队组建完成，开始为前往“新黎明”做准备。

第二幕：旅程。

太空旅程：展示宇航员们在太空船上的生活，解决长途飞行中的技术和心理问题。

意外事件：太空船在途中遭遇意外（如小行星撞击或设备故障），团队合作解决危机，体现团队精神和科学智慧。

第三幕：到达。

着陆准备：抵达“新黎明”轨道，进行行星探测，选择合适的着陆地点。

登陆行星：宇航员们成功着陆，开始探索和建立基地，进行初步调查。

……

这个剧本将通过紧张刺激的剧情和深刻的科学探讨，展现人类在太空探索中的勇气和智慧，以及对未知宇宙的无尽追求。

此类提示词模板更加适合特定的情景化问题，你可以通过语言修饰来不断细化自己的提问，以得出满意的回答。

1.3.3 ITTO提问法

ITTO提问法是项目管理中常用的一种方法，ITTO代表输入（Input）、工具与技术（Tool and Technique）和输出（Output）。这种方法可以用来分析和理解项目管理过程中的各种细节。此外，可以利用ITTO提问法向AI提出问题。下面举例说明。

Q 以表格的形式，输出制定项目章程所需要的输入、工具与技术和输出。

A 当然，可以用表格的形式来展示制定项目章程所需的输入、工具与技术和输出：

制定项目章程	输入	工具与技术	输出
	商业文件（如商业论证、效益管理计划）	专家判断	项目章程
	协议	数据收集（如头脑风暴、访谈、焦点小组等）	
	事业环境因素	数据分析（如成本收益分析等）	
	组织过程资产	人际关系与团队技能（如冲突管理等）	
		会议	

详细说明如下。

1.输入

商业文件：包括商业论证（Business Case）和效益管理计划（Benefits Management Plan），它们为项目的必要性和期望收益提供依据。

协议：如果项目是外部承包的，协议可能会规定项目的要求和约束条件。

事业环境因素（Enterprise Environmental Factors，EEFs）：指外部和内部因素，如政府或行业标准、市场条件、组织文化等。

组织过程资产（Organizational Process Assets，OPAs）：包括公司政策、程序、历史信息和知识库等。

2.工具与技术

专家判断（Expert Judgment）：利用经验丰富的个人或小组提供的专业知识和建议。

数据收集（Data Gathering）：使用各种方法（如头脑风暴、访谈、焦点小组）来收集与项目章程相关的信息。

数据分析（Data Analysis）：如成本效益分析，评估项目的潜在收益和成本。

人际关系与团队技能（Interpersonal and Team Skills）：如冲突管理、引导等，帮助团队达成共识。

会议（Meetings）：与主要干系人讨论和制定项目章程。

3.输出

项目章程（Project Charter）：正式批准项目的文件，详细说明项目目标、主要干系人、范围概述、主要里程碑和资源需求等。

这种表格不仅格式简洁明了，而且便于记忆和快速查找，是项目管理的实用工具。

1.3.4 参考资料提问法

参考资料提问法是一种利用外部资料来辅助提问的方法，旨在提高提问的准确性。这种提问方法适用于需要依靠数据、事实和背景知识来支持问题的场景，可以帮助AI更好地理解问题，并提供更准确的答案。下面举例说明。

Q 我将给你提供一段会议纪要，请你帮我整理成更规范的形式，包括会议的基本信息、目的和议题、内容摘要、决议和行动事项、附件和参考信息。 以下是会议纪要的内容。 会议主题：月度销售策略会。时间：11月23日，14:00–15:00。参与者：张经理、李主任、王小姐。内容简述：研讨新产品推广计划，分析上月销售数据，提出改进措施；讨论客户反馈，制定客户服务优化方案。 待办事项： 张经理在下周一前完成新推广计划草案，李主任整理客户反馈，提出具体改善建议。

A 会议纪要

一、会议基本信息

会议主题：月度销售策略会。

会议时间：11月23日，14:00—15:00。

参会人员：

张经理；

李主任；

王小姐。

二、会议目的和议题

会议目的：

1.研讨新产品推广计划；

2.分析上月销售数据，提出改进措施；

3.讨论客户反馈，制定客户服务优化方案。

议题：

1.新产品推广计划；

2.上月销售数据分析及改进措施；

3.客户反馈及客户服务优化方案。

……

备注：

请各位参会人员按时完成各自的行动事项，并在下次会议前提交相关成果；下一次会议时间待定，将另行通知。

1.4 优化AI回答的3个指令

前面提到了常用的提问方法，但可能还是会出现AI回答达不到要求的情况，本节将介绍优化AI回答的3个指令。

1.4.1 “继续”指令

在使用AI时，你也许会发现其回答是有字数限制的，一旦超出这个限制，回答就会被强行打断。这种情况经常发生，这时只需在对话框中输入“继续”就能延续上文的回答。下面举例说明。

Q 请将一段文本扩写为一篇小故事，让内容更加翔实，文本内容为：当小明睁开眼，发现周围的景致变得模糊不清；转眼间，他置身于一座银白色的太空站内，可以看到黑黝黝的宇宙和遥远的星辰。

A 小明慢慢地睁开了眼睛，迎接他的是一片朦胧的景象。周围的一切都变得模糊不清，他仿佛置身于梦境之中。然而，当他再次聚焦视线时，他意识到自己并不在家中的卧室，而是置身于一座宏伟的银白色太空站内。

太空站内部弥漫着未知的科技氛围，各种未来感十足的设备和仪器散发着微弱的光芒。小明感到自己仿佛穿越了时空，置身于一个全新的世界。他走到窗边，眺望着外面黑黝黝的宇宙，点点星辰仿佛在向他招手。

突然间，一道光芒划过夜空，小明惊讶地看到一艘巨大的太空船缓缓驶过，宛如一只银色的宇宙巨兽。他不禁想象着太空船上的船员们正在进行着怎样的探索和冒险，或许他们正在寻找着地球以外的新星球，或者探索着宇宙中的奥秘。

在这座银白色的太空站中，小明无比兴奋，他感受到了一种前所未有的震撼。他意识到，宇宙是如此广阔而神秘，人类的探索之路永无止境。他决心将这一切都记录下来，留作永久的记忆。就这样，小明开始了他在太空站中的探险之旅，期待着发现更多未知的奇迹和惊喜。

Q 继续。

A 小明沿着太空站的走廊探索，每走一步都有一种脚踏实地又置身异境的奇妙感觉。他经过一个个未来感十足的房间，看到各种各样的科技设备和装置，有些他甚至无法理解其作用。在一个巨大的观景窗前，他看到了壮丽的夜空和漫天繁星，仿佛整个宇宙都展现在他的眼前。

突然，一道闪电般的光芒划过夜空，吸引了小明的注意力。他发现那是一颗巨大的彗星。彗星的尾部散发着耀眼的光芒，让人目眩神迷。

小明被这壮观的景象深深吸引，他不禁感叹宇宙的神奇和壮丽。在这一刻，他明白了人类的渺小和探索宇宙的无限可能。他决心要将这一刻的感动和震撼带回地球，与家人和朋友分享。

太空站的探险让小明感受到了一种全新的生命力和活力，他仿佛拥有了无限的力量和勇气。他知道，即使回到地球，他心中对宇宙的热爱和探索欲望永远都不会消失了。就这样，小明结束了在太空站的探险之旅，带着对宇宙的敬畏和对未知的向往，踏上了回家的旅程。

这个小故事扩写得很好，充满了想象力和探索精神。如果您有其他想法或需要进一步完善故事，请告诉我，我很乐意帮助您。

1.4.2 “切换”指令

在提出问题后，你可以通过切换问答角度来继续向AI追问，通过多次追问来进一步细化获得的回答。下面举例说明。

Q 我是高中历史老师，我下节课要向学生讲中国古代土地改革的相关知识，其中涉及北魏孝文帝的均田制和王安石的方田均税法。我想通过这节课让学生对这两个史实有基本的了解，最好能让学生产生一定的思考。我希望学生听课时能表现出较高的兴致。我可以怎样设置这节课？

A 为了让学生对中国古代的土地改革有深入的了解，并激发他们对北魏孝文帝的均田制和王安石的方田均税法的兴趣，您可以按照以下方式设置这节历史课。

一、引入阶段

1.激发兴趣

开场提问：你们知道在古代，人们是如何分配土地的吗？土地改革对社会有哪些影响？

简短介绍：介绍土地改革在古代社会中的重要性，并引出今天的主题——北魏孝文帝的均田制和王安石的方田均税法。

2.背景介绍

简要介绍北魏时期的社会背景，特别是北魏初年，长期战乱，田地大量荒芜的情况。

提及王安石变法前的北宋社会状况，包括土地赋税不均、税户逃税等问题。

二、知识讲解阶段

1.北魏孝文帝的均田制

制度内容：

介绍均田制的基本原则，即按人口分配土地，农民耕作一定年限后土地归其所有，农民去世后土地归还官府。

阐述具体分配标准，如15岁以上男子每人授露田40亩，女子每人授露田20亩，等等。

实施效果：

分析均田制对农业生产、社会公平、中央集权等方面的积极影响；

提及均田制后期因土地兼并严重而难以维持的问题。

2.王安石的方田均税法

制度背景：

强调北宋时期土地赋税不均、税户逃税的社会问题。

制度内容：

讲述方田均税法的主要措施，包括清查丈量土地、编制地籍、按地势土质分级定税等。

实施效果：

分析方田均税法在防止土地兼并、减轻农民负担、增加国家税收等方面的成效；

提及方田均税法因触及官僚、地主利益而最终废止的局限性。

……

五、作业布置

1.阅读作业

要求学生课后阅读相关史料或文章，进一步了解均田制和方田均税法的历史背景和实施细节。

2.写作作业

要求学生撰写一篇短文，分析均田制或方田均税法对当时社会的影响及其现实意义。

Q 说得很好，你能详细解释一下均田制和方田均税法吗？

A 当然可以，下面我将详细解释均田制和方田均税法，尽量使用清晰的回答格式，并参考文章中的相关数字和信息。

均田制

1. 定义与背景

均田制是北魏至唐朝前期实行的一种土地制度，旨在通过按人口分配土地来恢复和发展农业生产，保证赋税来源。

2. 主要内容

土地分配：男子15岁以上授露田40亩，桑田20亩；女子授露田20亩。露田加倍授予，以备休耕。露田不得买卖，身死或年满70退还官府。桑田则永归私人所有，并可在一定条件下买卖。

奴婢和耕牛：奴婢和耕牛也参与授田，奴婢依照一般农民授田，耕牛每头授田30亩，每户限授4头。

田地流转：田地缺乏的地区，允许农民“逐空荒”，迁往他郡。犯罪流徙户或绝口户，其土地归国家所有，作均田授田之用。

官吏授田：地方官吏按照官职高低，授予公田。刺史50顷，郡丞、县令6顷。公田不得买卖。

3. 作用与意义

……

以上是对均田制和方田均税法的详细解释，希望能够帮助您更好地理解这两种土地制度。

在与AI进行对话时，通过不断改变提问角度和补充重点，我们可以获得更全面的答复。

1.4.3 “选择”指令

当用户想让AI生成更有针对性的回答时，可以提供多个选项进行提问，这类似于让AI做选择题，AI会选择合适的选项，并给出选择的缘由。下面举例说明。

Q 我是一名30岁的单身女性，居住的地方较为偏僻，想养一只狗用来防身和陪伴，要求掉毛少、性格温顺、体型中等、智商高，请从以下选项中选出符合我要求的选项，并说明原因。

（1）阿拉斯加犬。

（2）边境牧羊犬。

（3）德国牧羊犬。

（4）金毛寻回犬。

A 根据你的要求，我会推荐金毛寻回犬。金毛寻回犬性格温和友善，对主人忠诚，非常适合用来防身和陪伴。它们对陌生人也很友好，不太容易产生攻击性，同时也是很好的家庭宠物。

金毛寻回犬的体型中等，适合在较为偏僻的环境中生活，而且它们的掉毛量相对较少，只需要定期梳理。金毛寻回犬的智商也比较高，容易训练，能够很好地理解主人的需求，这对于需要一只智商高的狗的你来说非常重要。

综合来看，金毛寻回犬是符合要求的一个很好的选择，它既可以作为防身犬，又能成为你的忠诚伙伴。

1.5 平台工具：用AI生成内容

使用各种AI平台或工具能够生成不同类型的内容，包括文字、图像和视频等。用户可以根据自己需要的内容类型及相关的主题或领域来选择合适的AI平台或工具，它们将会尽力为用户提供满意的结果。

1.5.1 ChatGPT，AI聊天机器人

ChatGPT是一种基于AI技术的聊天机器人，它使用了自然语言处理和深度学习等技术，可以进行自然语言对话，回答用户提出的各种问题，并提供相关信息和建议，如图1-2所示。

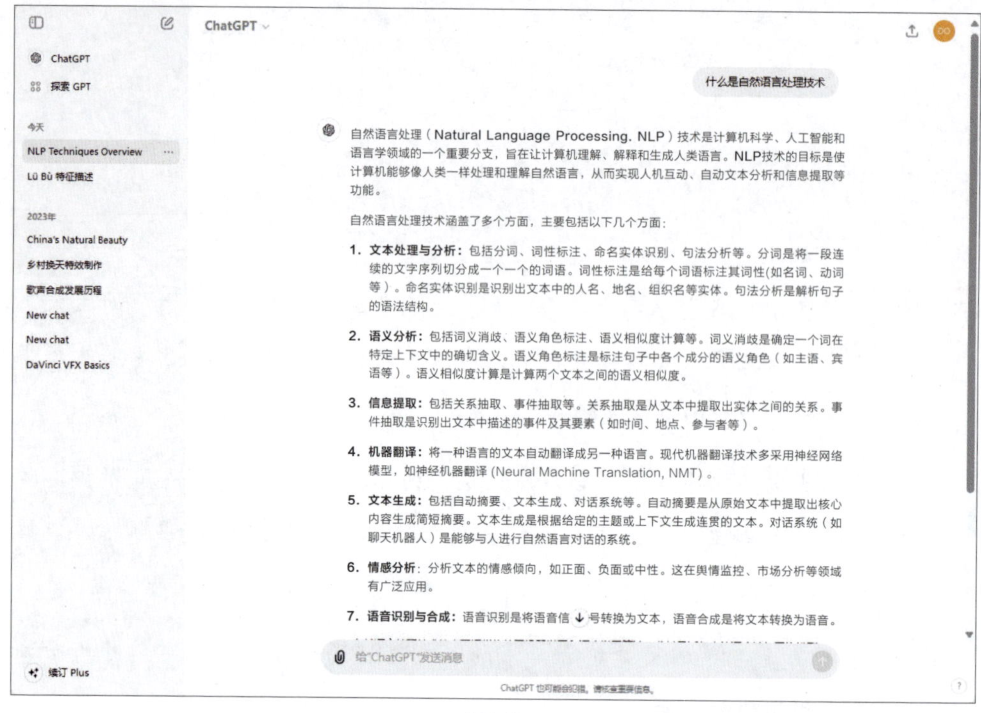

图1-2

ChatGPT的核心算法基于GPT（Generative Pre-trained Transformer，生成式预训练转换模型），这是一款由OpenAI开发的深度学习模型，可以生成自然语言文本。

ChatGPT可以与用户进行多种形式的交互，如文本聊天、语音识别、语音合成等。ChatGPT可以应用于多种场景，如客服、语音助手、教育、娱乐等场景，帮助用户解决问题，提供娱乐和知识服务。

1.5.2 文心一言，更懂中文的大语言模型

为什么说文心一言是一款更懂中文的大语言模型？主要是因为它在中文语言处理方面表现出了很强的性能准确性。它在训练过程中使用了大量的中文数据，并且基于百度公司开发的深度学习框架PaddlePaddle和文心知识增强大模型ERNIE系列进行研发。

文心一言在处理中文文本时，能够更好地理解中文的语义、语法和上下文信息，并且能够根据不同场景进行自然语言生成、文本分类、情感分析、文本匹配等。此外，文心一言还支持多种中文方言和少数民族语言，这使得它能够更好地满足不同地区和文化背景用户的需求。图1-3所示为文心一言生成的自我介绍。

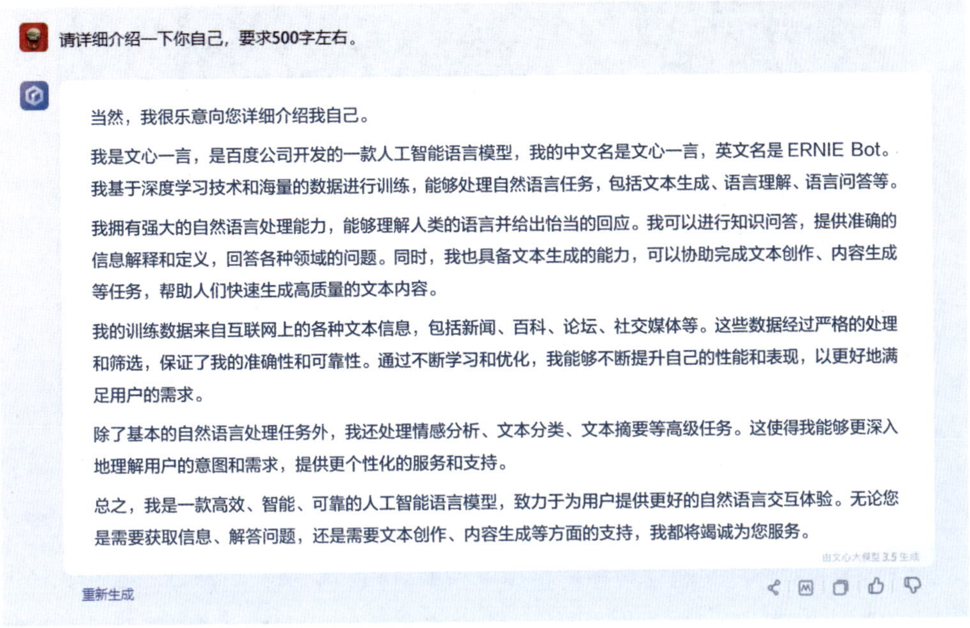

请详细介绍一下你自己，要求500字左右。

当然，我很乐意向您详细介绍我自己。

我是文心一言，是百度公司开发的一款人工智能语言模型，我的中文名是文心一言，英文名是 ERNIE Bot。我基于深度学习技术和海量的数据进行训练，能够处理自然语言任务，包括文本生成、语言理解、语言问答等。

我拥有强大的自然语言处理能力，能够理解人类的语言并给出恰当的回应。我可以进行知识问答，提供准确的信息解释和定义，回答各种领域的问题。同时，我也具备文本生成的能力，可以协助完成文本创作、内容生成等任务，帮助人们快速生成高质量的文本内容。

我的训练数据来自互联网上的各种文本信息，包括新闻、百科、论坛、社交媒体等。这些数据经过严格的处理和筛选，保证了我的准确性和可靠性。通过不断学习和优化，我能够不断提升自己的性能和表现，以更好地满足用户的需求。

除了基本的自然语言处理任务外，我还处理情感分析、文本分类、文本摘要等高级任务。这使得我能够更深入地理解用户的意图和需求，提供更个性化的服务和支持。

总之，我是一款高效、智能、可靠的人工智能语言模型，致力于为用户提供更好的自然语言交互体验。无论您是需要获取信息、解答问题，还是需要文本创作、内容生成等方面的支持，我都将竭诚为您服务。

由文心大模型 3.5 生成

重新生成

图1-3

1.5.3 Midjourney，AI图像生成工具

Midjourney是一款先进的AI图像生成工具，利用深度学习算法，通过用户输入的文本描述自动生成高质量的图像。它支持多种艺术风格，包括写实、抽象、卡通、复古等，满足各种创作需求。Midjourney的主要应用领域涵盖了数字艺术、设计、游戏开发、广告营销和教育等。

用户只需加入Midjourney的Discord服务器，在聊天框中输入详细的文本，即可生成对应的图像。生成的过程是交互式的，用户可以根据初步结果调整描述，不断优化和迭代，直到获得满意的图像。图1-4所示为Midjourney绘制的作品。

图1-4

Midjourney的图像生成速度非常快，通常几秒即可生成图像，这极大地提高了创作效率。它的高质量输出保证了图像的细节和色彩效果，因此它适用于专业级别的创作。它不仅能自动生成图像，还具备智能编辑功能，可以帮助用户调整布局、优化色彩和修正细节，简化创作过程。

此外，Midjourney还具有很强的灵活性和互动性。用户可以通过单击、滑动等操作与生成的图像互动，增强阅读和观看体验。无论是艺术家、设计师，还是游戏开发者和教育工作者，都能从中受益，创作出更具创意和吸引力的作品。

1.5.4 WPS AI，专注于办公领域的AI助手

WPS AI是一款集成在WPS Office套件中的AI工具，利用自然语言处理和机器学习技术，帮助用户在文档、表格、演示文稿和PDF文件中实现智能化处理和高效办公。它的主要用途包括文字处理、数据分析、演示文稿制作和文档管理等。

用户只需在WPS Office中启用WPS AI，通过自然语言输入需求，即可获得

相应的智能服务。WPS AI可以自动生成和优化文档内容，进行复杂的数据计算和分析，设计和美化演示文稿，以及处理和编辑PDF文件，如图1-5所示。

图1-5

WPS AI的响应速度非常快，通常几秒即可完成任务，极大地提高了办公效率。其高精度的算法保证了处理结果的准确性和专业性，因此其适用于多种办公场景。其不仅能自动生成内容，还具备智能编辑功能，可以帮助用户调整格式、优化布局和修正错误，使得办公过程更加便捷。

此外，WPS AI还具有很强的灵活性和互动性。用户可以通过对话框或命令行与它互动，获得个性化的办公支持。无论是企业员工、学生，还是自由职业者和教育工作者，都能从中受益，提升任务完成效率和文档质量。

1.5.5 Photoshop 2024，颠覆传统修图模式

Photoshop 2024是一款由Adobe公司推出的专业图像编辑软件，利用先进的AI和机器学习技术，为用户提供强大的图像处理和创意设计工具。它的主要应用领域包括图像编辑、数字绘画、平面设计、摄影后期处理和网页设计等。

2023年9月14日，Photoshop 2024宣布正式更新上线，这次版本更新直接内

置了FireFly全套工具，融入了大量AI创作元素，包括AI局部重绘、AI扩图、AI替换背景等功能，为用户大大缩短了修图所用时间，如图1-6所示。

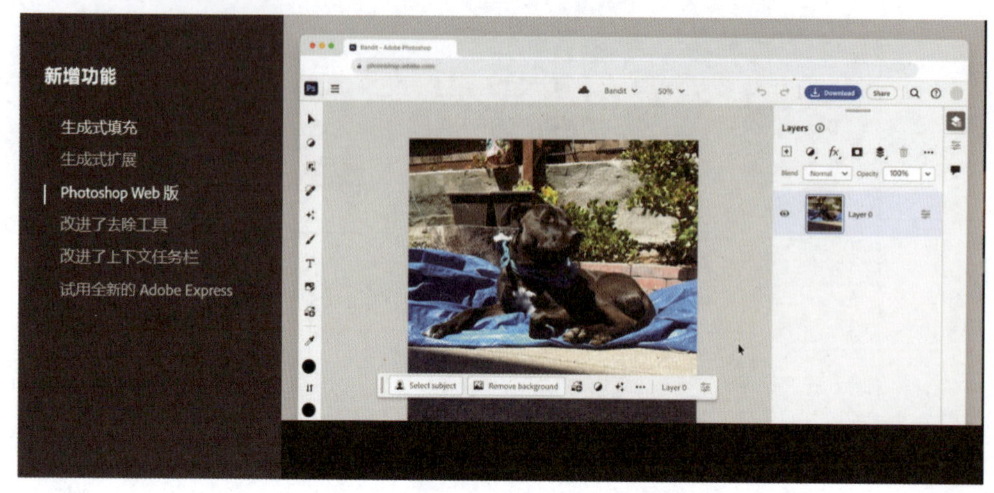

图1-6

Photoshop 2024的高精度算法保证了处理结果的准确性和专业性，因此适合多种创作需求。其不仅能进行基本的图像编辑，还具备智能修图功能，如自动修复、智能抠图、内容感知填充等，使得创作过程更加便捷。

1.5.6 网易天音，一站式AI音乐生成工具

网易天音（NetEase Tianyin）是由网易公司开发的一款基于AI的音乐创作和生成工具。利用先进的AI技术，网易天音为音乐创作提供了创新的解决方案，涵盖了作曲、编曲、音效设计等多个方面，旨在帮助音乐创作者和爱好者更加高效地创作音乐，如图1-7所示。

图1-7

通过先进的AI技术，用户只需选择伴奏和填词，即可在极短的时间内生成完整的歌曲。这种智能化的音乐创作方式使得原本只有专业音乐人才能掌握的创作技能得以普及，让更多人有机会参与音乐创作。

网易天音提供了海量的伴奏供选择，包括流行、电子、摇滚等多种风格，并配备了各种创作工具，可以满足用户不同的创作需求。

1.5.7 Suno，专业AI音乐创作平台

Suno是一个集音乐创作、编辑、分享于一体的在线平台，旨在打破传统音乐创作的界限，让更多人能够轻松实现自己的音乐梦想，如图1-8所示。

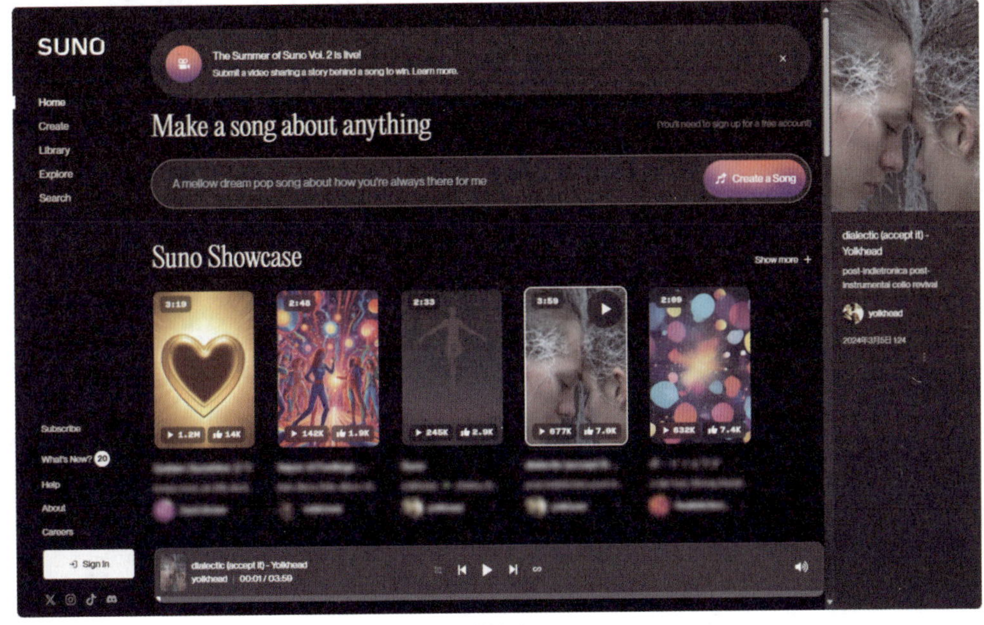

图1-8

作为一个专业AI音乐创作平台，Suno能够根据简单的文本描述生成完整的歌曲，包括歌词、配乐等。

1.5.8 Runway，专注于图像和视频编辑

Runway是一家成立于2018年的AI公司，专于图像和视频编辑领域。

Runway以其独特的AI技术为核心，推出了多款产品，其中包括备受瞩目的Gen-3 Alpha。Gen-3 Alpha是一个经过视频和图像混合训练的新模型，与前一代Gen-2相比，它在细节丰富度、画面连贯性及动作表现上都有了显著的提升。该模型支持多种功能，如文本转视频、图像转视频、文本转图像等，还支持运动刷、高级相机控制和导演模式等多样化的控制方式。Gen-3 Alpha的生成速度非常快，其仅需90秒就能快速生成时长为10秒的视频，在业界保持了领先态势。图1-9所示为Runway生成的视频。

图1-9

Runway在多模态内容生成领域处于领先地位，其独特的AI技术和丰富的产品功能使其在市场上具有强大的竞争力。随着AI技术的不断进步和广泛应用，Runway有望在未来继续保持领先地位，在图像和视频编辑领域取得更大的突破。

1.5.9 VIDIO，专注于在线视频编辑

VIDIO是一款基于AI技术的在线视频编辑工具，可以让用户快速、轻松地编辑视频，而不需要具备专业技术知识或专业软件知识。其包含的工具有视频背景

更改、视频升频器、视频亮化器等，如图1-10所示。

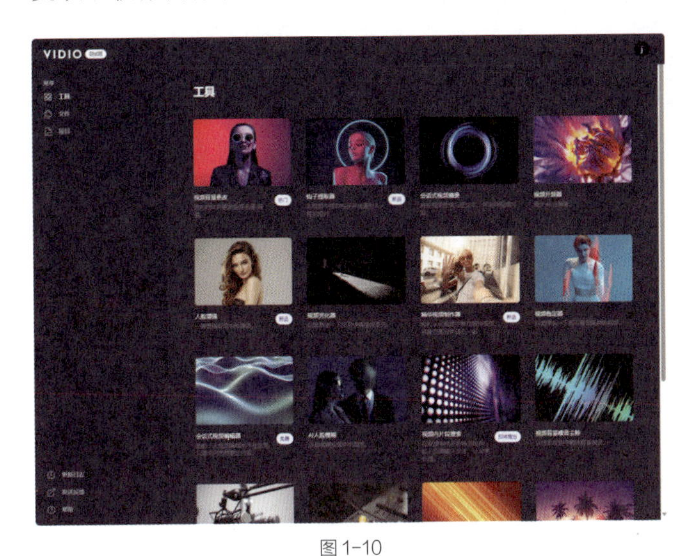

图 1-10

VIDIO当前为测试版，部分功能尚未完全开发完成或正在进行优化。用户在使用这些功能时可能会遇到一些不稳定或不完善的情况。

1.5.10 剪映，具有独特的图文成片功能

剪映，作为一款功能全面且操作简便的视频编辑软件，其独特的图文成片功能为用户带来了极大的便利。这一功能允许用户自定义输入脚本，随后自动将脚本内容转化为生动有趣的视频。图1-11所示为剪映的图文成片效果。

图 1-11

通过图文成片功能，用户无须掌握复杂的视频剪辑技巧，即可轻松将文字与图片、视频素材相结合，快速生成具有专业水准的视频作品。这一功能的推出，不仅提高了视频制作的效率，还为用户提供了更多样化的创作方式。

1.5.11 腾讯智影，集成强大的AI创作能力

腾讯智影是一个集素材搜集、视频剪辑、后期包装、渲染导出和发布于一体的在线剪辑平台，能够为用户提供端到端的一站式视频剪辑及制作服务。图1-12所示为腾讯智影提供的智能创作工具。

图1-12

腾讯智影的数字人不仅形象高度逼真，而且在语音、语调、唇动等方面也非常真实，如图1-13所示。

图1-13

第2章

生活与便捷：AI智享，便捷新生活

在日常生活中，AI能够充当助手，为用户在衣、食、住、行、人际交往等方面保驾护航，为用户生活增添乐趣，提高生活的幸福指数。例如，AI能够扮演多种角色，充当厨师、导游、翻译，还能够为用户提供心理咨询服务等。

2.1 AI扮演多种角色，提高生活品质

无论是在家庭、工作还是娱乐中，AI正以其卓越的性能和多样化的应用，改变我们的生活方式，提升我们的生活品质。本节介绍AI所能扮演的多种角色。

2.1.1 充当私厨：定制私人食谱

AI可以根据你的口味、偏好、禁忌和营养需求，定制个性化的菜谱。

当用户想要改善自己的饮食状况时，制订合理的饮食计划是一个很好的选择。然而，许多人因为缺乏必要的知识和经验，在尝试制订合理的饮食计划时会遇到困难。AI可以成为私人私厨，帮助用户实现健康饮食的目标。下面是让ChatGPT充当私厨，定制私人食谱的示例。

Q 我目前在减脂期，请你根据我目前的情况制订一份一日三餐的饮食计划。要求：有辣味但不使用黑胡椒。

A 根据你的要求和喜好，我为你制订了一份一日三餐的减脂饮食计划，有辣味但不使用黑胡椒。

早餐：

辣味鸡蛋蔬菜卷。

食材：

全麦卷饼，

鸡蛋（2个），

红辣椒（切丝），

菠菜（少量），

番茄（切片），

辣椒酱（适量）。

做法：

1.将鸡蛋打散，加少许盐，煎成蛋饼；

2.在全麦卷饼上铺上煎好的蛋饼、红辣椒丝、菠菜和番茄片；

3.加入适量辣椒酱，卷起来即可。

午餐：

鸡胸肉辣炒彩椒。

食材：

鸡胸肉（200克，切片），

红、黄彩椒（各半个，切丝），

青椒（一个，切丝），

姜蒜末（适量），

生抽（适量），

辣椒粉（适量），

橄榄油（少量）。

做法：

1.鸡胸肉片用生抽和少许辣椒粉腌制10分钟；

2.热锅冷油，放入姜蒜末炒香，加入腌制好的鸡胸肉片翻炒；

3.鸡胸肉片变色后，加入红、黄彩椒丝和青椒丝，翻炒至蔬菜变软；

4.调入适量生抽和辣椒粉，翻炒均匀即可。

……

小贴士

饮水：每天至少饮用8杯水，保持身体的水分充足。

零食：可以选择一些低热量的水果，如苹果、橙子、猕猴桃等。

烹饪：尽量避免使用过多的油，选择蒸、煮、炒等健康的烹饪方式。

希望这份饮食计划能帮助你在减脂期保持健康的饮食习惯。如果有其他需要或调整，请随时告诉我！

若家里来了客人，需要照顾其口味而不知道该如何做时，可以进一步向AI提供需求信息，以便AI能够提供更加合理的食谱建议。

Q 今晚我邀请了我的朋友来家做客，请你为我生成一份合适的菜单以招待客人。要求：不含鱼肉和羊肉。

A 根据你的要求，我为你设计了一份不含鱼肉和羊肉的招待客人的菜单，包含前菜、主菜、配菜和甜点。

前菜

1. 辣味鸡肉沙拉

食材：鸡胸肉（切片）、生菜、黄瓜（切片）、樱桃番茄、胡萝卜（切丝）、辣椒酱、橄榄油、盐、胡椒粉。

做法：

鸡胸肉用盐和胡椒粉腌制，煎熟后切片；

将生菜、黄瓜片、樱桃番茄和胡萝卜丝在大碗中混合均匀；

加入煎好的鸡胸肉片，淋上适量橄榄油和辣椒酱，拌匀即可。

2. 迷你春卷

食材：春卷皮、胡萝卜（切丝）、卷心菜（切丝）、豆芽、葱姜蒜末、酱油、辣椒粉、橄榄油。

做法：

加入适量橄榄油，将胡萝卜丝、卷心菜丝和豆芽用葱姜蒜末炒熟，调入酱油和辣椒粉；

将炒好的蔬菜馅料包在春卷皮中，卷好后煎至金黄即可。

主菜

1. 辣味鸡肉意大利面

食材：意大利面、鸡胸肉（切丁）、红辣椒（切丝）、蒜末、番茄酱、辣椒酱、橄榄油、盐。

做法：

意大利面煮熟备用；

鸡胸肉丁用盐腌制，煎熟后加入蒜末和红辣椒丝炒香；

加入番茄酱和辣椒酱煮开，加入煮好的意大利面，拌匀即可。

……

甜点

1. 巧克力熔岩蛋糕

食材：黑巧克力、黄油、鸡蛋、糖、面粉。

做法：

黑巧克力和黄油隔水融化，加入糖和打散的鸡蛋，拌匀；

筛入面粉，拌匀后倒入模具；

入烤箱用200摄氏度烤10分钟，烤至外熟内流心即可。

2. 蜂蜜柠檬酸奶

食材：希腊酸奶、蜂蜜、柠檬汁、柠檬皮屑。

做法：

希腊酸奶中加入蜂蜜和柠檬汁，拌匀；

撒上柠檬皮屑，冷藏后食用。

希望这份菜单能让你和你的朋友度过一段愉快的晚餐时光！如果有任何其他需求或调整，请告诉我。

2.1.2 充当健身教练：制订私人健身计划

健身有益于健康，但是很多人在健身过程中会遇到缺乏动力、不知道如何安排训练计划等问题。而AI可以根据用户的身体状况、健身目标和喜好，制订个性化的健身计划，并为用户提供健身知识和技巧。

下面是让ChatGPT充当健身教练，制订私人健身计划的示例。

Q 我想要锻炼我的肱二头肌，请你生成一份针对肱二头肌的训练动作计划。

A 下面是一份针对肱二头肌的训练动作计划，这些动作可以帮助你有效地锻炼肱二头肌。请根据自己的体能水平和锻炼经验，选择合适的重量和组数。

1. 哑铃弯举

动作要点：

站直，两脚分开与肩同宽，双手各持一个哑铃；

上臂紧贴身体，肘部固定，慢慢弯曲小臂，将哑铃向肩膀方向举起；

举至最高点时稍作停顿，慢慢放下哑铃至初始位置。

组数和次数：3组，每组12次。

2. 杠铃弯举

动作要点：

站直，两脚分开与肩同宽，双手正握杠铃，握距同肩宽；

上臂紧贴身体，肘部固定，慢慢弯曲小臂，将杠铃向肩膀方向举起；

举至最高点时稍作停顿，慢慢放下杠铃至初始位置。

组数和次数：3组，每组10次。

3. 斜板哑铃弯举

动作要点：

将健身椅的角度调整到45度，身体靠在椅背上，双手各持一个哑铃；

上臂紧贴身体，肘部固定，慢慢弯曲小臂，将哑铃向肩膀方向举起；

举至最高点时稍作停顿，慢慢放下哑铃至初始位置。

组数和次数：3组，每组12次。

……

训练注意事项

热身：在进行训练前，建议进行5～10分钟的有氧运动（如跑步或跳绳）来热身。

拉伸：训练结束后，进行适当的拉伸以放松肌肉。

呼吸：保持均匀呼吸，在用力时呼气，放松时吸气。

姿势：确保动作姿势正确，以避免受伤并达到最佳训练效果。

希望这份训练计划能帮助你有效地锻炼肱二头肌，如果有任何问题或需要调整，请随时告诉我！

AI会根据给定的情况制订符合需求的计划，如果你需要一份更加具体、分阶段的健身计划，可以参考以下示例。

Q 请你现在扮演一位健身达人。我是一名22岁的男生，已经训练了半年，现在到了瓶颈期。我需要你提供更加详细的方案，为我制订各个阶段的运动计划，包括每日训练类型、组数、力量训练和拉伸时间等细节，同时，规划每周的饮食，确保营养丰富。

A 作为一名22岁的男生，已经有半年的训练经验，你已经积累了一定的基础体能和肌肉量。为了突破瓶颈期，我将为你制订一份详细的训练和饮食计划，帮助你进一步提升。

训练计划

周一：胸部和肱三头肌。

热身（10分钟）：有氧运动（跑步、跳绳）。

平板杠铃卧推：4组，每组8～12次。

上斜哑铃卧推：3组，每组10～12次。

哑铃飞鸟：3组，每组12次。

绳索下压：4组，每组12次。

仰卧臂屈伸：3组，每组10次。

单臂哑铃臂屈伸：3组，每组12次。

拉伸（10分钟）：胸部和三头肌拉伸。

周二：背部和肱二头肌。

热身（10分钟）：有氧运动（跳绳、跑步）。

引体向上：4组，每组尽量多次。

杠铃划船：4组，每组8～12次。

单臂哑铃划船：3组，每组12次

T杠划船：3组，每组10次。

哑铃弯举：4组，每组12次。

杠铃弯举：3组，每组10次。

斜板哑铃弯举：3组，每组12次。

拉伸（10分钟）：背部和肱二头肌拉伸。

周三：休息或轻度有氧运动。

轻度有氧运动（30分钟）：步行、游泳或瑜伽。

……

饮食计划

每日营养需求

蛋白质：1.6～2.2克/千克体重。

碳水化合物：4～6克/千克体重。

脂肪：0.8～1克/千克体重。

周一

早餐：燕麦片+蛋白粉+水果（如蓝莓、香蕉）。

午餐：鸡胸肉沙拉（含绿色蔬菜、橄榄油、坚果）。

晚餐：烤牛肉+红薯+蒸西兰花。

零食：酸奶+坚果。

……

补充建议

饮水：每天饮用至少3升水，保持身体水分充足。

休息：保证每晚有7～9小时的优质睡眠，有助于肌肉恢复。

补剂：考虑补充鱼油和复合维生素，以确保营养摄入均衡。

希望这份详细的训练和饮食计划能够帮助你突破瓶颈期，实现更好的健身效果。如果有任何问题或需要调整，请随时告诉我。

2.1.3 充当营养师：提供健康的饮食计划

AI可以作为营养师提供营养知识、个性化饮食计划、特殊饮食需求建议、膳食补充建议、减肥策略和健康生活方式指导。注意，AI不能代替专业营养师或医生，要获取更专业的知识，请咨询专业营养师。

Q 我今年30岁，女性，体重60千克。我平时一天吃三餐，早餐通常是燕麦粥和水果，中午和晚上会吃一些米饭、蔬菜和肉类。我没有任何健康问题，也没有食物过敏症状。我上班时久坐，每周运动2～3次，每次大约1个小时。我不太喜欢吃辛辣的食物。我的健康目标是减掉5千克，并且提高我的体能水平。我每周的饮食预算大约是500元。请帮我制订一个更健康的饮食计划。

A 一日三餐营养计划

1.早餐

一碗燕麦粥（加入一些坚果和浆果）。

一个煮鸡蛋。

一杯低脂牛奶或无糖酸奶。

2.午餐

一份糙米饭。

一份烤鸡胸肉（或鱼肉）。

一份蒸蔬菜（如西兰花、胡萝卜、菠菜）。

一份清炒豆腐。

3.晚餐

一份藜麦沙拉（加入蔬菜，如番茄、黄瓜、甜椒，并加入一些鸡肉或牛油果）。

一小碗汤（如蔬菜汤或鸡汤）。

4.小吃

下午可以吃一个苹果或一些坚果。

晚上如果饿了，可以吃一些胡萝卜或一小杯无糖酸奶。

5.注意事项

多喝水，每天至少8杯。

避免摄入高糖、高脂肪的零食和饮料。

每餐尽量多吃新鲜蔬菜和水果。

坚持每周至少运动3次，每次至少30分钟，可以选择快走、跑步、瑜伽等运动方式。

如果你有任何其他问题或需要进一步调整，请随时告诉我。希望这份计划能帮助你达到健康目标！

2.1.4 充当导游：出行旅游小帮手

AI不仅能够充当导游，还能为用户提供个性化旅游服务。用户需要提供一些关于旅游需求的信息，如旅游目的、时间、预算、偏好等。

Q 你是一名有10年工作经验的云南当地导游，我们计划在6月1日到6月5日去云南旅游，请你为我们制订一份3人旅行计划。补充：我们有一个6岁的小孩，要为他安排一天的娱乐项目，为我们推荐一些性价比高的当地民俗餐厅、酒店及民宿，并注明人均价格，如果涉及景区门票，请标注门票价格参考。

A 云南五天三人旅游计划

行程概览

日期：6月1日—6月5日。

人数：3人（包括一个6岁小孩）。

主要目的地：昆明、大理、丽江。

第一天：昆明。

上午

抵达昆明：抵达长水国际机场，乘车前往市区。

住宿：入住昆明翠湖宾馆，参考价格为400元/晚。

中午

午餐：桥香园过桥米线，参考人均价格为40元。

下午

景点：云南民族村。

门票：成人票90元，儿童票45元。

活动：云南各民族文化展示，观看民族歌舞表演。

晚上

晚餐：云南十八怪主题餐厅，参考人均价格为60元。

回酒店休息。

第二天：大理。

上午

交通：乘坐高铁前往大理（约2个小时），参考票价为150元/人。

住宿：入住大理洱海边的海西花园客栈，参考价格为300元/晚。

中午

午餐：大理白族风味餐厅，参考人均价格为50元。

下午

景点：大理古城。

门票：免费。

活动：漫步古城，参观五华楼、洋人街等。

晚上

晚餐：大理特色砂锅鱼，参考人均价格为80元。

回酒店休息。

……

总结

此次旅行涵盖了云南的主要景点和特色文化，充分考虑了儿童的娱乐需求，并推荐了性价比高的餐厅和酒店，确保旅行舒适愉快。希望这份计划能帮助你们享受一次愉快的云南之旅。如果有任何调整需求，请随时告诉我！

如上所示，AI提供了一份详细的旅行计划，包括目的地选择、行程安排、住宿和餐饮推荐，以及预算控制。此外，AI也可以为我们介绍景点相关背景信息。

Q 请你作为当地导游为我介绍一下丽江古城的由来及文化。

A 作为一名有10年工作经验的云南导游，我很高兴为您介绍丽江古城的由来及文化。

丽江古城的由来

丽江古城，又称大研古城，位于云南省丽江市，是中国保存最为完好的少数民族古城之一。丽江古城是纳西族聚居的地方，纳西族的先民在此繁衍生息，这里逐渐形成了独特的城镇布局和建筑风格。

丽江古城的文化

1. 纳西族文化

丽江古城是纳西族的主要聚居地，纳西族文化在古城中得到了充分体现。纳西族在艺术方面独树一帜，有着独特的语言、服饰、音乐和舞蹈。

2. 建筑风格

丽江古城的建筑风格独具特色，城内的房屋多为木质结构，青瓦白墙，古朴典雅。古城的街道呈“井”字形布局，依山傍水，街道两旁的小桥流水、民居庭院相映成趣。古城的建设充分体现了纳西族与自然和谐相处的理念。

3. 传统手工艺

丽江古城内有许多传统手工艺品，如纳西族的银饰、东巴纸、木雕和刺绣等。这些手工艺品不仅展示了纳西族精湛的手工技艺，也反映了纳西族文化的丰富内涵。

……

丽江古城不仅是一个旅游胜地，更是一个充满历史和文化底蕴的地方。希望这些介绍能够帮助您更好地了解丽江古城的魅力和文化精髓。期待您在丽江古城度过一段愉快的时光！

2.1.5 充当形象设计师：出门穿衣不再愁

AI可以在你不知道在特定场合穿什么衣服时提供参考。当你询问AI时，它会给出合理、时尚的穿搭建议。

Q 你是一位服装穿搭师。请为我推荐几套适合教资面试时穿的服装，要求整体造型端庄大方、展现气质。在推荐时，请考虑面试场合的正式程度、面试官对候选人的着装期望及我个人的风格。推荐的衣物应能够凸显我的专业素养和自信，使我在面试中给面试官留下良好的印象。

A 为参加教资面试推荐几套合适的服装，既能展现端庄大方的气质，又能凸显专业素养和自信。以下是几种搭配建议。

套装一：经典搭配

上衣：白色棉衬衫或丝绸衬衫。

下装：黑色或深灰色西装裤或及膝铅笔裙。

外套：黑色或深蓝色西装外套。

鞋子：黑色或裸色低跟皮鞋。

配饰：简约的珍珠耳环或小巧的银饰项链。

包包：黑色手提包。

推荐理由：白色衬衫和深色西装裤或裙子能够展现干练与专业的气质，西装外套则增添了正式感；整体造型简洁利落，适合面试场合。

套装二：温柔优雅风

上衣：淡蓝色或浅粉色衬衫。

下装：米色或灰色九分裤或中长裙。

外套：浅灰色或米色针织开衫。

鞋子：裸色或浅棕色平底鞋或低跟鞋。

配饰：小巧的耳钉和手链。

包包：米色或浅灰色手提包。

推荐理由：淡蓝色或浅粉色衬衫搭配米色或灰色下装，整体造型温柔大方，色调柔和亲切，能够让面试官感受到你的亲和力与专业性。

……

注意事项

1.保持整洁：衣物应干净整洁、熨烫平整。

2.不过分暴露：避免穿过于暴露的衣物，如过短的裙子或领口过低的上衣。

3.舒适合身：选择适合自己的尺码，保证穿着舒适，自然大方。

4.妆容简洁：妆容应简洁自然，不宜过于浓艳。

希望这些搭配建议能够帮助你在教资面试中展现出端庄大方的气质，给面试官留下良好的印象，祝你面试顺利！

如果你发现AI给出的建议并不适合你，你可以为AI提供详细的身体数据，包括身高、体重、三围等，让它为你提供符合你身材的穿衣搭配建议。

Q 我是一名身高172cm、体重60kg的男生，今晚我有一场重要约会，请你为我提供穿衣搭配建议，让我给对方留一个好印象。

A 对于一场重要的约会，你可以选择一套既能展现你的品位又显得得体的搭配。以下是一些适合你的穿衣搭配建议，旨在让你给对方留下好印象。

上衣

1.合身的衬衫：选择一件合身的衬衫，可以是白色、浅蓝色或带有细条纹的，这些颜色和图案经典且能显得你干净利落。衬衫的剪裁要合身，不宜过大或过小。

2.轻薄毛衣或针织衫（可选）：如果天气稍凉，可以在衬衫外面加一件轻薄的毛衣或针织衫，颜色可以是深蓝色、灰色或驼色。这种搭配既能增加层次感，又不会显得臃肿。

下装

1.修身的休闲裤或牛仔裤：选择一条修身的休闲裤或深色牛仔裤。深色系（如黑色、深蓝色或灰色）的裤子既百搭又能显得腿部修长。

2.适当的长度：裤子长度要适中，可以稍微露出脚踝，这样显得腿部比例更好。

鞋子

干净的皮鞋或休闲鞋：选择一双干净的皮鞋或休闲鞋。颜色可以选择棕色或黑色，既经典又不易出错。确保鞋子干净整洁，这会给对方留下注重细节的印象。

配饰

1.简洁的腕表：佩戴一块简洁的腕表，既能提升整体造型感，又显得成熟稳重。

2.腰带：选择一条颜色与鞋子相近的皮质腰带，能够统一整体造型。

外套（可选）

合身的夹克或西装外套：如果需要外套，可以选择一件合身的夹克或西装外套。颜色可以是深蓝色、灰色或黑色，既能提升整体气质，又不失时尚感。

发型和个人清洁

1.整洁的发型：确保发型整洁，可以在约会前进行简单的修整或打理。

2.个人清洁：确保个人清洁，使用适量的香水，选择清新淡雅的香味，不宜过浓。

总结

上衣：白色或浅蓝色的合身衬衫，轻薄的毛衣或针织衫（可选）。

下装：修身的休闲裤或深色的牛仔裤。

鞋子：干净的棕色或黑色皮鞋或休闲鞋。

配饰：简洁的腕表，皮质腰带。

外套：合身的夹克或西装外套（可选）。

发型和个人清洁：整洁的发型，适量的香水，味道清新淡雅。

这样一套搭配既能显得你得体大方，又能在细节上体现出你的用心和品位，给对方留下良好的第一印象。祝你约会愉快！

2.1.6 充当化妆师：日常妆容，易如反掌

充当化妆师时，AI会根据用户提供的信息，为其提供化妆技巧、妆容搭配建议等更为智能化和个性化的妆容服务。注意，化妆是一项需要实践经验的技能，你在实际使用化妆品时，还需根据实际情况进行调整，以获得最佳的效果。

Q 我是一名大学女老师，中等身材，皮肤较为暗沉，明天要出席一场学术会议，请为我提供一些化妆建议。

A 为了让你在学术会议上展现最佳状态，这里有一些化妆建议，可以帮助你提亮肤色，提升气质，展现专业形象。

化妆步骤与建议

1. 护肤准备

清洁：使用温和的洁面产品彻底清洁面部。

保湿：涂抹保湿水、精华液和面霜，为上妆打好基础。

防晒：如果会议在白天，记得使用防晒霜保护皮肤。

2. 底妆

妆前乳：选择有提亮作用的妆前乳，可以让皮肤看起来更有光泽和均匀。

粉底液：选择一款色号与肤色相近的粉底液，应轻薄但有遮盖力，可以用海绵或粉底刷均匀涂抹全脸。

遮瑕：在眼下、鼻翼两侧、下巴等需要遮瑕的部位使用遮瑕膏，提亮肤色和遮盖瑕疵。

定妆粉：用无色的定妆粉轻扫T区和容易出油的部位，保持妆容持久。

3. 眼妆

眉毛：根据眉毛的自然形状，用眉笔或眉粉轻轻填充，增强眉毛的轮廓感。

眼影：选择大地色系的眼影，既自然又有深邃感；可以用浅色打底，中间色加深眼窝，深色加深眼尾。

眼线：用眼线笔或眼线液画细细的眼线，可以稍微拉长眼尾，增加眼睛的神采。

睫毛：选择纤长型的睫毛膏，刷出根根分明的睫毛。

4. 腮红

腮红：选择适合自己肤色的腮红，轻轻扫在苹果肌上，使面部的气色更好。

5. 唇妆

唇膏：选择柔和自然的颜色，如豆沙色、玫瑰色等，以提亮肤色，显得更加优雅。

唇釉：用与唇膏同色系的唇釉叠涂。

6. 提亮

高光：在面部突出位置（如颧骨、鼻梁、眉骨和上唇）用高光粉进行提亮，增强立体感。

总结

通过以上步骤，你可以打造出一个自然、清新、专业的妆容，提亮肤色，提升气质，在学术会议上展现最佳状态。记得自信地展示自己的专业素养和学术成果！

2.1.7 充当保姆：辅助育儿

当孩子晚上入睡难时，可以让AI给孩子编一个睡前故事。

Q 以兔子、森林、大灰狼、公牛为素材，编一个睡前故事，要求有教育意义，讲给4岁的儿子听，大概500字。

A 在一个美丽的森林里，住着一只可爱的兔子。它名叫萝卜，喜欢在森林里跳跃和玩耍。森林里有许多有趣的事物，如高大的树木、盛开的鲜花，还有萝卜最喜欢的地方——一片开阔的草地。

有一天，萝卜正在草地上跳跃时，突然出现了一只大灰狼。大灰狼看见了萝卜，立即决定把它吃掉。萝卜吓坏了，赶紧躲进了附近的树丛里。

大灰狼在草地上四处寻找萝卜，萝卜小心翼翼地躲在树丛里，尽量不发出声音。幸运的是，大灰狼并没有找到萝卜。萝卜松了一口气，认为自己安全了。

然而，当萝卜准备出来时，一头公牛出现在了草地的另一头。公牛看起来很强壮，萝卜害怕它会像大灰狼一样威胁自己的安全。萝卜又开始担忧起来，它不知道应该怎么办。

这时，公牛突然开始攻击大灰狼。尽管大灰狼比公牛更加狡猾和凶猛，但公牛的力量不可小觑。经过一番激烈的战斗，大灰狼终于被公牛赶跑了。

萝卜见状，赶紧从树丛里跑出来，开心地跳到了草地上。它非常庆幸自己躲过了大灰狼的追捕，同时也为勇敢的公牛感到骄傲。萝卜决定向公牛学习，变得更加勇敢和坚强。

夜晚降临，萝卜回到了自己的家。它感到非常幸福和安全，同时也明白了在困难面前要勇敢和坚强。这段经历让萝卜学到了很多，它知道只要勇敢面对，一切问题都可以解决。

这就是关于兔子、森林、大灰狼和公牛的故事，充满教育意义，教孩子学会勇敢和坚强。现在，宝贝可以安心地入睡了，在梦里也许还会遇到那些可爱的朋友呢！

当新手爸妈遇到不会的问题时，同样也可以向AI提问。

Q 正确冲调奶粉的步骤是什么？

A 冲调奶粉需要注意卫生和准确性，确保婴儿摄入的奶粉符合营养和安全标准。以下是正确冲调奶粉的步骤。

冲调奶粉的步骤

1.洗手

在冲调奶粉之前，彻底洗净双手，确保手部清洁。

2.准备工具

清洗并为奶瓶、奶嘴、奶瓶盖等所有用具消毒。可以用开水烫一烫或使用专用消毒器进行消毒。

3.准备水

将适量的水煮沸，然后冷却至40～50℃，确保水温适宜。太热的水会破坏奶粉中的营养成分，太冷的水则无法溶解奶粉。

4.加水

按照奶粉罐上的说明，先将适量的温水倒入消毒后的奶瓶中。水量的多少取决于冲调多少奶粉。

5.加奶粉

使用奶粉勺，按照说明的比例，将所需量的奶粉加入奶瓶中。每次添加奶粉前，用平刀或其他干净的工具刮平奶粉勺，确保每勺奶粉的量一致。

6.摇匀奶粉

将奶瓶盖拧紧，轻轻摇晃奶瓶，确保奶粉完全溶解在水中，直至没有结块。

7.检查温度

在给宝宝喂奶之前，滴几滴奶液到手腕内侧，确保温度适中（大约37° C，与体温接近），不烫手。

8.喂奶

确认奶瓶和奶嘴清洁、无渗漏后，可以开始喂奶。

其他注意事项

按需调配：每次冲调奶粉时，只调配宝宝需要的量，不要储存已经冲调好的奶粉，以免滋生细菌。

按说明操作：不同品牌的奶粉配比可能不同，务必按照奶粉罐上的说明操作。

及时清洗：喂奶后，及时清洗奶瓶、奶嘴和其他用具，并彻底消毒，保持用具干燥。

存储奶粉：奶粉罐要密封好，放在阴凉干燥的地方，避免放在阳光直射处和潮湿环境中。

通过以上步骤，你可以为宝宝冲调出安全、营养的奶粉，满足他们的生长发育需求。

2.1.8 充当家庭维修师：提供专业维修知识

当家中有需要维修的电器或其他家居用品时，不妨问问AI，它可以为你提供详细的家庭维修指导，帮助你解决一些常见的家庭维修问题。下面是具体示例。

Q 我家的灯不亮了，电闸检查后没有问题，也没有停电，你能帮我解决这个问题吗？

A 当然，我可以帮你解决这个问题。请按照以下步骤进行检查。

1.检查灯泡

确认灯泡是否烧坏。可以尝试将灯泡换到其他灯座上，看看是否能正常工作。如果灯泡坏了，更换新的灯泡。

2.检查开关

检查墙壁上的开关是否正常工作。尝试多次开关灯，或者更换一个开关（没有备用开关则可以从其他地方借用）。

3.检查灯具的电线连接情况

确认连接灯具的电线是否松动或断开，确保所有电线连接紧密。如果你不熟悉电线操作，建议请专业电工帮忙检查。

4.检查插座

如果是带插座的灯具，检查插座是否正常。可以将其他电器插入该插座，确认插座是否正常工作。

5.使用电笔或电压测试仪检查电压

如果你有电笔或电压测试仪，可以检查灯具线路中是否有电。如果不确定如何操作，最好请专业电工来检查。

如果经过以上检查仍然无法解决问题，建议联系专业电工进行进一步的检查和维修。

Q 检查完成后发现是开关坏了，你能告诉我详细的解决办法吗?

A 当然，以下是详细的步骤，教你如何更换一个坏掉的电灯开关。请确保在操作前采取必要的安全措施。

更换电灯开关的步骤

1.工具和材料

新的电灯开关（确保与原来的开关规格相同）。

螺丝刀（十字形或一字形，取决于开关螺丝类型）。

绝缘胶带。

电笔或电压测试仪。

剥线钳（如有必要）。

2.步骤

（1）切断电源

确保在更换开关之前，关闭家里的总电源或相关电路的电闸。这样可以避免触电的风险。

（2）确认无电

使用电笔或电压测试仪测试开关，确保开关上没有电流。

（3）拆卸开关面板

用螺丝刀拧开固定开关面板的螺丝，轻轻取下开关面板，露出开关和电线。

（4）拆卸旧开关

用螺丝刀拧开固定旧开关的螺丝。

记录电线连接的位置和方式，方便后续连接新开关。

拆下连接到旧开关上的电线。通常有两根或三根电线（一根或两根火线和一根地线）。

（5）连接新开关

根据记录，按照相同的位置和方式连接电线到新开关上。通常火线连接到开关的“COM”端子，另一根或两根电线连接到开关的其他端子。

确保连接紧密，电线不松动。如果电线有老化或破损的部分，使用剥线钳重新剥出一段干净的铜线。

（6）固定新开关

将新开关放回接线盒中，用螺丝刀固定好新开关。

重新安装开关面板，用螺丝刀拧紧固定螺丝。

（7）恢复电源

打开家里的总电源或相关电路的电闸。

测试新开关是否正常工作，确保灯可以正常开关。

（8）安全检查

确认开关和开关面板安装牢固，所有电线连接无误。

3.注意事项

如果你对电路操作不熟悉，建议请专业电工来更换开关。

确保所有操作都在断电状态下进行，避免触电风险。

更换开关时，选择与原开关规格、型号相同或兼容的产品。

通过以上步骤，你应该能够顺利更换坏掉的电灯开关。如果还有其他疑问，欢迎随时询问。

2.1.9 充当装修设计师：提供家庭装修方案

AI可以在家庭装修过程中为用户提供专业建议和使用技巧，如家装规划、材料选择、家居布局、色彩搭配、照明设计、软装选择等，帮助用户顺利完成家庭装修，成功打造理想的居住空间。

Q 我的客厅面积是30平方米。我希望将客厅装修成现代风格，颜色主要以浅灰色和白色为主。想添加一套新的沙发、茶几和电视柜。希望能有一个小的阅读角落和一些储物空间。希望在两个月内完成装修，预算大约是5万元。希望使用环保材料，并且考虑到我有过敏问题，最好选择防过敏的材料。

A 家装项目计划

1. 空间规划与设计

面积：30平方米。

风格：现代风格。

颜色：浅灰色和白色为主。

2. 家具和电器

沙发：选择浅灰色的现代风格布艺沙发。

茶几：选择白色或透明玻璃材质的现代风格茶几。

电视柜：选择浅灰色或白色的现代风格电视柜。

阅读角：放置一把舒适的单人椅和一个小书架，颜色与整体风格一致。

储物空间：添加几个现代风格的储物柜或储物箱，颜色与整体风格协调。

3. 墙面和地面

墙面：使用环保涂料，选择浅灰色或白色涂料进行涂刷。

地面：选择浅色的木质地板或环保地板。

4. 照明设计

主灯：选择现代风格的吊灯或吸顶灯，提供充足的照明。

辅助灯：在阅读角添加一个落地灯，在沙发旁添加一些壁灯或台灯。

5. 软装配饰

窗帘：选择浅色的窗帘，材质为棉麻。

地毯：选择简约风格的地毯，颜色与整体风格一致。

装饰画：挂几幅现代风格的装饰画，增加艺术气息。

6. 特别注意事项

环保材料：所有涂料和家具选择环保材料，避免有害物质。

防过敏材料：选择防过敏的地毯和窗帘，避免引发过敏。

7. 时间安排

项目开始时间：6月1日。

项目完成时间：8月1日。

8. 预算控制

总预算：5万元。

费用分配：家具和电器费用2万元，墙面和地面费用1万元，照明和软装费用1万元，其他费用1万元。

希望这个家装项目计划能帮助你实现理想中的客厅装修效果。如果你有其他问题或需要进一步调整，请随时告诉我。

2.1.10 充当翻译：提供多种语言在线翻译服务

AI可以顺畅地翻译多种语言，包括但不限于英语、中文、西班牙语、法语等。然而对于一些小语种，AI的翻译质量可能不高。在处理某些具有高度技术性或特定领域的翻译任务时，还需人工介入以提高翻译质量。

Q 请把以下文字分别翻译为英文、日文和韩文："在学校所学到的知识可以被遗忘，但真正有价值的东西是通过教育培养出来的思维方式和解决问题的能力。教育应该注重培养学生的创造力、批判性思维和自主学习能力，使他们具备面对未知挑战的能力。”

A 英文翻译

The knowledge learned in school may be forgotten, but the truly valuable things are the mindset and problem-solving abilities cultivated through education. Education should focus on fostering students' creativity, critical thinking, and autonomous learning skills, enabling them to face unknown challenges.

日文翻译

学校で学んだ知識は忘れられることがありますが、本当に価値のあるものは教育を通じて育まれる思考方式や問題解決能力です。教育は、学生の創造力、批判的思考、自主学習能力を育成することに重点を置くべきであり、彼らが未知の挑戦に立ち向かう能力を身につけさせるべきです。

韩文翻译

학교에서 배운 지식은 잊혀질 수 있지만, 진정으로 가치 있는 것은 교육을 통해 길러지는 사고 방식과 문제 해결 능력입니다. 교육은 학생들의 창의력, 비판적 사고, 자율 학습 능력을 배양하는 데 중점을 두어야 하며, 이들이 미지의 도전에 맞설 수 있는 능력을 갖추도록 해야 합니다.

2.1.11 充当医生：提供日常医护知识

AI知识储备丰富，覆盖了各个领域，其中包括广泛的医护知识。用户提出的关于医护知识的问题，AI都能尽力回答并提供相关的详细信息。

Q 头晕的症状大概有一周了，主要是在早上起床和晚上睡前比较明显。头晕是间歇性的，偶尔会觉得恶心，但没有出现视力模糊、耳鸣、心悸或呼吸急促的症状。最近没有做过特别的事情，虽然工作压力有点大，但没有发生什么重大事件。饮食和睡眠都还算正常，但晚上睡眠质量不太好，总是醒来。没有既往病史，也没有服用任何药物或补品。请你给出解决方案。

A 根据你描述的症状和情况，以下是一些可能有助于缓解头晕和改善整体健康状况的建议：

提高睡眠质量

1.睡眠环境

确保你的卧室安静、黑暗、凉爽和舒适。

使用遮光窗帘或眼罩来减少光线干扰。

使用耳塞或白噪声机来减少噪声干扰。

2.睡前习惯

培养规律的睡前习惯，如在固定的时间上床睡觉和起床。

避免在睡前1小时内使用电子设备，如手机、平板电脑。

可以尝试阅读、听轻音乐或冥想来放松身心。

3.饮食和饮水

避免在睡前大量饮水，以减少夜间起床上厕所的次数。

避免摄入咖啡和酒精，特别是在下午和晚上。

头晕的缓解方法

1.起床和站立时的姿势

……

注意事项

1.避免长时间不吃饭，保持血糖稳定。

2.如果你感到极度疲劳、视力变化或严重头痛，立即寻求医疗帮助。

希望这些建议能帮助你缓解头晕的症状并改善整体健康状况。如果有任何变化或疑虑，建议随时咨询医疗专业人员。

请注意，以上建议仅供参考，如若身体不适请及时就医！

2.1.12 充当理财顾问：实时对财务进行规划

合理的财务规划可以帮助投资者获得更多的财富增值机会，实现有效的家庭财务管理。AI可以帮助投资者进行收支分析、投资理财和退休规划等方面的工作，提高财务管理的效率和质量。

Q 我是一名30岁的单身人士，每月收入为20000元。我想制订一个理财计划，以实现以下目标。

1.在5年内存够首付款购买一套房子（目标金额为50万元）。

2.建立一份应急基金，金额为6个月的生活费用（预计每月5000元）。

3.为退休储蓄，每年目标储蓄额为至少5万元。

4.进行一些风险较低的投资，以确保资产的保值和增值。

请问我应该如何合理分配每月的收入，并选择哪些投资方式？

A 根据您的财务目标和情况，我为您制订了一个详细的理财计划，以帮助您实现购买房子、建立应急基金、为退休储蓄及进行低风险投资的目标。

每月收入分配

您每月的收入为20000元，以下是建议的分配方式。

1.基本生活开支

预算：6000元。

包括房租、食品、交通、娱乐等日常支出。

2.应急基金

预算：5000元（持续6个月）。

在6个月内每月存5000元，积累30000元的应急基金。

3.购房首付款储蓄

预算：6000元。

目标：50万元。

时间：5年（60个月）。

每月储蓄6000元，5年后可积累360000元，再加上理财产品的收益，可以达到50万元的目标。

4.退休储蓄

预算：2200元（前6个月）、7200元（后6个月）。

目标：每年存储至少5万元。

前6个月每月存储2200元，后6个月每月存储7200元，总退休储蓄可以达到5万元。

5.低风险投资

预算：800元。

进行风险较低的投资，如投资债券基金、货币市场基金或定期存款。

投资方式

1.应急基金

存入高流动性的账户，如活期储蓄账户或货币市场基金，以确保在紧急情况下随时可以提取。

2.购房首付款储蓄

将每月的6000元投资于稳健的理财产品，如定期存款、债券基金或其他低风险的理财产品，以确保本金安全并获得一定的利息收入。

3.退休储蓄

每月的退休储蓄可以用于进行长期稳健的投资，如购买指数基金、养老金产品或长期债券，以获得长期的复利收益。

4.低风险投资

每月的800元可以用于购买货币市场基金或短期债券基金，以获得比活期存款更高的收益，同时保持较低的风险。

长期计划

1.定期审查和调整

每半年或一年审查一次财务计划，根据收入变化和市场情况进行调整。

2.多样化投资

随着积蓄的增加，逐步多样化投资组合，以分散风险并获得更高的收益。

3.教育与自我提升

投资于教育和自我提升，如参加职业培训和进修课程，提高收入获取能力。

4.保险规划

考虑购买必要的保险，如健康保险、意外保险和人寿保险，以应对未来的不确定性。

通过合理分配每月收入并选择合适的投资方式，您可以在实现购房、建立应急基金和为退休储蓄等目标同时，确保资产的保值和增值。如果有任何变动或进一步的需求，建议咨询专业的理财顾问以获取更个性化的建议。

2.1.13 充当法律顾问：提供法律咨询服务

AI可以为用户提供一般法律咨询服务，解答常见的法律问题，如《中华人民共和国民法典》《中华人民共和国劳动法》《中华人民共和国刑法》和《中华人民共和国宪法》等方面的问题，并能够提供基本的法律建议。这对于那些需要初步了解特定法律问题或希望获取一般法律知识的人来说，非常方便。

Q 小明因为拒绝老板提出的无偿加班要求而被开除，请根据《中华人民共和国劳动法》相关规定，说明小明应如何进行维权？

A 根据《中华人民共和国劳动法》，员工拒绝无偿加班而被开除的情况涉及多种劳动法相关的规定和权利，以下是小明可以采取的维权步骤。

1. 收集证据

记录无偿加班要求：保存任何形式的加班要求，包括短信、邮件、录音等。

保存开除通知：保留被开除的通知或文件。

证明劳动关系：保存劳动合同、工资单、工作证等能够证明劳动关系的文件。

2. 向劳动争议仲裁委员会申请劳动仲裁

提交申请：向当地劳动争议仲裁委员会提交仲裁申请书，说明情况，附上证据。

仲裁时效：根据《中华人民共和国劳动争议调解仲裁法》，劳动争议申请仲裁的时效期为一年，从当事人知道或应当知道其权利被侵害之日起计算。

3. 申请劳动争议仲裁的流程

仲裁申请书内容：包括申请人的基本信息、被申请人的基本信息、仲裁请求及所依据的事实与理由。

提交材料：提交申请书、证据材料和身份证明。

受理通知：劳动争议仲裁委员会受理后，会向申请人发出受理通知书，向被申请人发出仲裁申请书副本。

4. 劳动争议仲裁的法律依据

《中华人民共和国劳动法》

第三十六条。

第四十一条。

第四十条。

《中华人民共和国劳动合同法》

第四十八条。

第四十九条。

5. 向劳动监察部门投诉

投诉：向当地劳动监察部门投诉，说明情况，提供证据，劳动监察部门会对用人单位进行调查。

6. 向人民法院提起诉讼

如果对仲裁结果不满意，可以在收到仲裁裁决书之日起15日内，向人民法院提起诉讼。

7. 维权建议

寻求法律援助：可以咨询专业律师，获取法律帮助。

保留沟通记录：与用人单位的所有沟通记录应尽量保留，以便在维权过程中使用。

通过以上步骤，小明可以依法维权，保护自己的合法权益。

2.2 AI辅助心理治疗

在现代快节奏的生活中，心理健康问题日益凸显，情感困扰也变得愈加复杂。面对这些挑战，传统的心理治疗方式虽然有效，但资源有限且成本较高。AI在心理健康和情感领域能够为用户提供一定程度的帮助和支持，包括心理咨询、情绪调节和压力管理等。但在面对严重心理问题、紧急情况或需要长期心理治疗时，用户应寻求专业心理医生的帮助。

2.2.1 提供一对一心理咨询服务

AI通过在线聊天的方式，为用户提供一对一的心理咨询服务。通过与AI的交流，用户可以表达自己的内心感受和困惑，AI会试图理解用户所面临的问题，帮助用户探索问题产生的根源，并提供相关建议和可能的解决方案。

Q 我希望你能扮演一个心理咨询师。我将向你提供我的想法，希望你能给我科学的建议。如何快速缓解失落的情绪？

A 当你感到失落的时候，首先要做的是接受自己的情绪，不要试图压抑或否认这种感受。接着，可以尝试以下方法来缓解失落情绪。

1.认识到情绪的正常性：失落是人类情绪的一部分，每个人都会经历；接受这种情绪，并理解它是暂时的。

2.与他人分享：与朋友、家人或心理咨询师分享你的感受，倾诉可以减轻内心的负担，并获得支持和理解。

3.寻找喜爱的活动：参与一些让你感到愉悦和放松的活动，如运动、阅读、听音乐等，可以分散注意力，缓解负面情绪。

4.保持健康的生活方式：充足的睡眠、均衡的饮食和适量的运动对改善心理健康状况有很大帮助。

5.学习情绪调节技巧：学习冥想、深呼吸或放松训练等情绪调节技巧，可以帮助你更好地管理失落情绪。

6.寻求专业心理咨询：如果失落情绪持续存在或影响到日常生活，建议咨询专业心理咨询师或心理医生，以获得更深入的支持和指导。

每个人的情况和应对方式都不同，因此建议根据个人情况选择适合自己的方法来缓解失落情绪。

2.2.2 评估心理健康问题

AI能够为用户提供初步的心理健康问题评估，包括对焦虑、抑郁和睡眠障碍等各种心理健康问题的评估和诊断。它能够帮助用户识别可能存在的心理疾病症状，并提供相应的建议和指导。

Q 我最近半年总是情绪失落，闷闷不乐，悲观消极，行为迟缓，经常独来独往，对工作和生活不感兴趣，有睡眠障碍，食欲减退、体重下降，请问我有什么心理问题？

A 根据你描述的情况，你可能存在抑郁症的症状。抑郁症是一种常见的心理问题，主要特征包括情绪低落、失去兴趣点和乐趣、悲观消极、行为迟缓，以及有社交障碍、睡眠和食欲问题等。以下是一些常见的抑郁症状。

1.情绪低落和消沉，持续时间较长，不易摆脱。

2.对工作、学习、生活失去兴趣和动力，感到乏力和疲惫。

3.有睡眠障碍，可能是入睡困难、早醒或睡眠过度。

4.食欲改变，可能表现为食欲减退导致体重下降，或是因应激反应而食欲增加，导致体重增加。

5.自我评价过低，对自己和未来持悲观态度。

6.有社交障碍，对人际交往不感兴趣或避开社交场合。

7.行为迟缓，做事效率低下，动作缓慢，对任何事情都提不起兴趣。

如果你觉得以上描述符合你的情况，并且这种状态已经持续半年以上且影响到了你的日常生活，建议你寻求专业心理咨询师或心理医生的帮助。他们可以通过深入的评估和诊断帮助你确定问题的性质，并提供适合你的治疗方案和支持。及早干预和治疗可以有效缓解抑郁症状，提高生活质量。

Q 那请你为我提供抑郁症治疗方案。

A 抑郁症的治疗方案通常包括心理治疗、药物治疗和生活方式改变等多方面的综合治疗。具体的治疗方案需要根据个体情况而定，建议你在专业医生的指导下进行治疗。以下是一般情况下常见的抑郁症治疗方案。

1.心理治疗：旨在帮助患者认识和改变负面思维模式和行为习惯，提高情绪管理能力。

2.药物治疗：服用抗抑郁药物，用于缓解抑郁症状。药物治疗需要在专业医生的指导下进行，严格按照医嘱使用。

3.生活方式改变：规律的作息时间、健康饮食、适量运动、避免不良习惯（如酗酒、吸烟）、保持社交活动等，有助于改善心理状态。

4.支持性治疗：参加支持性团体或寻求亲友支持，有助于减轻孤独感和心理压力。

5.其他治疗方式：如光疗法等，适用于一些特殊情况。

治疗抑郁症需要时间和耐心，同时也需要患者的积极配合和家人的支持。如果你有抑郁症状，建议及早就医，接受专业治疗，以获得更好的治疗效果。

2.2.3 情绪调节

AI能提供许多关于情绪调节的建议和技巧，如深呼吸、冥想和渐进性肌肉松弛等，引导用户培养正向思维，将注意力从负面情绪转移到积极的方面。

Q 当我感到很沮丧时，我该如何调节负面情绪？

A 当感到沮丧时，可以尝试以下方法来调节负面情绪。

1.认识并接受负面情绪：要意识到自己感到沮丧，并接受这种情绪的存在，不要否认或压抑它。

2.寻找支持：和亲友分享自己的感受，倾诉可以帮助减轻情绪压力，获得支持和理解。

3.保持健康的生活方式：规律作息、均衡饮食、适量运动可以帮助缓解情绪。

4.注意自己的思维方式：注意负面的思维模式，尝试转变思维方式，寻找积极的方面。

5.寻找喜欢的活动：参加自己喜欢的活动，如听音乐、看电影、阅读等，可以分散注意力，让自己感到更轻松愉快。

6.尝试放松技巧：深呼吸、冥想、瑜伽等可以帮助缓解紧张和焦虑。

7.寻求专业帮助：如果负面情绪持续存在且影响生活，建议寻求心理咨询师或心理医生的帮助，获得更专业的支持和建议。

每个人的情绪调节方式可能有所不同，你可以尝试不同的方法，找到适合自己的方式来调节情绪。

AI所提供的这些策略对于许多人来说是有益的，但你必须明白，每个人的情况和需求都是独一无二的。因此这些策略产生的作用会有所不同。

2.2.4 压力管理

通过和用户的互动交流，AI可以帮助用户识别压力源，提供应对压力的方法，并为用户提供个性化的压力管理策略。

Q 最近工作任务加重，心理压力比较大，请问该如何进行压力管理？

A 压力管理是一项重要的生活技能，你可以通过以下方法来进行。

1.规划时间：制定合理的工作计划和时间表，合理安排任务和休息时间，避免任务过于集中或分散。

2.设立目标：设立可实现的目标，并将其分解成小目标，逐步完成，避免过度的压力和焦虑。

3.学会拒绝：学会拒绝一些额外的工作或请求，保持工作和生活的平衡。

4.保持健康生活方式：规律作息、均衡饮食、适量运动、放松技巧的运用（如冥想、深呼吸、瑜伽等）可以帮助缓解压力。

5.寻求支持：和亲友分享自己的感受，寻求理解和支持，也可以考虑寻求专业心理咨询师的帮助。

6.放松自己：定期进行自我放松，如听音乐、看书、散步等。

7.培养兴趣爱好：寻找自己喜欢的活动和爱好，分散注意力，让生活更加丰富多彩。

通过以上方法，可以有效地管理和缓解工作压力，保持身心健康。

AI给出的这些方法包含了一系列全面且翔实的策略，涉及生理、心理和行为层面，以便用户能够从不同的维度理解和应对压力，帮助用户找出最合适的压力管理策略。

2.2.5 处理人际关系

人际关系矛盾往往会引发冲突，甚至使冲突不断升级，而人们往往难以有效地处理这些冲突。AI可以通过模拟人类的思维和逻辑，帮助人们妥善处理冲突，找到合适的解决方案，以达到缓解甚至化解矛盾的目的。

Q 我和同事因为意见不合，导致工作上的合作出现问题，请问我该怎么处理？

A 处理同事间意见不合导致的工作上的合作问题，可以考虑以下方法。

1.沟通解决：尝试与同事进行开放和诚实的沟通，倾听彼此的观点，寻找共同的解决方案。

2.尊重差异：尊重同事的观点和想法，接受彼此的差异，不要试图强迫对方接受自己的观点。

3.寻求中立者的帮助：如果无法自行解决，可以寻求中立的第三方的帮助，如主管或人力资源部门。

4.专业训练：参加一些专业的团队合作或沟通培训，提升团队合作能力和沟通能力。

5.注重团队目标：将注意力放在共同的工作目标上，强调团队合作的重要性，以实现更好的工作效果。

6.化解冲突：如果冲突无法避免，可以尝试使用冲突解决技巧来化解冲突，如寻找共同利益、妥协等。

7.总结和反思：在问题解决后，与同事一起总结经验教训，反思如何避免类似问题的再次出现。这将有助于提升团队沟通和协作能力，防止类似冲突在未来重演。

通过以上方法，可以帮助你处理同事间意见不合导致的工作上的合作问题，促进团队的和谐和提高工作效率。

AI给出的解决方案涵盖了在处理同事间因意见不合导致的工作上的合作问题需要考虑的关键因素。其强调了倾听、沟通、寻求中立者的帮助及总结与反思等方面。这些方法有助于解决冲突，促进团队合作和沟通。

2.2.6 婚恋指导

AI在婚姻和恋爱方面可以提供诸多指导。根据用户的需求和困惑，AI可以提供关于如何开始一段恋爱关系、如何与另一半保持良好关系、如何处理恋爱中的问题和冲突等方面的建议。

Q 我和我的伴侣最近经常发生争执，导致我们之间的关系变得紧张。我想寻求一些建议，以改善沟通方式，修复我们的关系。

A 面对与伴侣之间频繁的争执和愈发紧张的关系，改善沟通方式和修复关系确实是一项重要且值得投入精力的任务。以下是一些具体的建议，帮助你与伴侣更好地沟通并修复关系。

1.保持冷静与开放的心态

在沟通时，确保双方都保持冷静和理性，避免情绪化的争执。

保持开放的心态，愿意倾听对方的观点，并尊重彼此观点的差异。

2.设定“无争执”时间

选择一个固定的时间段，如晚餐后或周末的某个时段，将其作为“无争执”时间，专注于享受彼此的陪伴，不谈及争议性话题。

3.积极倾听

当伴侣发言时，全神贯注地倾听，不要打断或急于反驳。

通过点头、微笑或简短回应来表示你在认真倾听。

4.使用“我觉得”等表达感受

使用“我觉得”“我需要”等表达方式，避免指责对方，如“你总是……”或“你从不……”。

清晰、具体地表达你的感受和需求，而不是让对方猜测。

5.共同寻找解决方案

将问题视为双方共同面临的挑战，而不是某一方的问题。

尝试提出各种解决方案，并共同讨论和评估这些方案的可行性。

……

通过以上建议，你可以逐步改善与伴侣之间的沟通方式，并修复你们之间的关系。记住，修复关系需要时间和耐心，但只要双方都愿意付出努力，你们就一定能够克服困难并找到通往幸福的道路。

第3章

工作与效率：AI职场小助手

在当今这个快节奏的时代，高效办公已成为许多人的共同追求。而随着AI技术在办公领域的延伸，AI已经成为我们日常工作中的得力工具，极大地提升了工作效率和质量。借助AI，我们可以迅速且准确地完成一系列文本处理任务，无论是写作、翻译，还是编辑、校对，我们都能得心应手，从而更为高效地工作。

3.1 AI办公：高效智能，助力职场发展

AI可以在多个方面帮助用户提高办公效率，获得智能化、个性化的办公体验。例如，AI可以帮助用户撰写工作汇报或总结、策划方案、会议纪要和电子邮件等文档，并提供修改建议，使内容更加清晰、简洁和专业；还可以回答用户在使用办公软件时遇到的问题，提供操作指南和技巧，帮助用户更高效地使用各类办公软件；等等。

3.1.1 撰写工作汇报

撰写工作汇报是一种常见的沟通和反馈方式，它可以展示用户自身的工作成绩和价值，总结经验教训，规划目标。然而，撰写工作汇报也是一件耗时耗力的事情，很多人会觉得无从下手。写好工作汇报需要掌握一定的方法和技巧，首先要明确工作汇报的撰写目的和受众，其次要梳理工作内容和成果，最后构建工作汇报的框架和结构。如果利用ChatGPT撰写工作汇报，则要尽可能为它提供更多关于工作汇报的信息，如工作汇报的主体、受众、工作内容、成果及框架，这样才能高效地生成高质量的工作汇报。下面是通过ChatGPT来撰写工作汇报的示例。

Q 假设你是一名活动策划公司的策划，请写一份工作汇报，内容是汇报你策划的一个周年庆活动的情况，按下面的结构来撰写：1.工作背景；2.工作内容；3.工作建议；4.总结感言。

A 工作汇报

1.工作背景：本次任务是策划一个周年庆活动。这是一个重要的庆祝活动，旨在展示企业的成就，感谢员工和客户的支持，并提升企业品牌形象。

2.工作内容：我们团队根据客户需求和活动主题，制定了详细的策划方案，包括活动主题设计、活动内容规划、场地布置、节目表演安排、礼品准备等工作。我们还负责与客户沟通协调，确保活动顺利进行。

3.工作建议：在策划类似活动时，建议提前充分了解客户需求和活动目的，制定清晰的策划方案，并确保团队成员间的有效沟通和协作。在活动执行过程中，及时调整和处理突发情况，保证活动顺利完成。

4.总结感言：这次周年庆活动是一次成功的策划与执行过程，得益于团队的共同努力和客户的信任与支持。通过这次经历，我们不仅提升了团队的执行能力，也为客户提供了一次难忘的活动体验。我们将继续努力，为客户提供更多优质的活动策划服务。

以上是本次周年庆活动策划的工作汇报，感谢各位的支持与配合。

从生成的工作汇报来看，质量还是比较高的，其重点突出，结构符合要求，内容充实，表达清晰。

3.1.2 撰写策划方案

为了确保工作或事情顺利进行，常常要根据具体情况预先制定策划方案。策划方案是为某一行动所制定的具体行动实施办法细则、步骤和安排等。对于企业来说，策划一场具有创意、吸引人的营销活动，不仅可以有效提升品牌知名度，同时还可以有效服务客户，增强客户黏性，实现线索转换，等等。

下面以劳动节营销方案策划为例，演示如何使用ChatGPT快速撰写策划方案。

Q 5月1日劳动节即将到来，请策划3个与劳动者相关的营销方案，要求如下。

1.活动主题需与劳动节、劳动者相结合。

2.发布平台为抖音和视频号、微信公众号。

3.活动总体成本不超过2000元。

A 劳动节营销方案

一、主题："辛苦了，劳动者！"

方案：在劳动节前夕，在城市中心或人流密集的地方设置一个简易的感恩互动区，放置一块大型留言板或画板，提供彩笔和贴纸，让路人在上面写下对劳动者的祝福和感谢话语；并邀请路人参与拍摄短视频，表达对劳动者的祝福与感激；最后将留言板或画板上的内容制作成短视频，通过抖音和视频号发布，同时在微信公众号进行分享。

成本估算：留言板或画板及彩笔、贴纸的费用约200元，制作短视频的费用约800元；其他杂费约200元；总成本约1200元。

二、主题：劳动美食节

方案：在劳动节期间，与本地知名餐厅或小吃摊合作，在其店内或店外设置特别优惠区，推出一些劳动者喜爱的美食，并提供优惠活动或赠送小礼品；活动过程中可以邀请劳动者分享自己的工作故事或生活感悟，吸引更多人参与互动。

成本估算：合作费用约800元，小礼品费用约300元，其他杂费约200元；总成本约1300元。

三、主题：劳动者微笑计划

方案：在公众号发布“劳动者微笑计划”征集活动，鼓励人们拍摄周围劳动者的微笑照片，并配以简短的感谢语；收集到的照片将制作成视频，劳动节当天在微信公众号和抖音发布，并邀请大家转发分享，以传递对劳动者的感恩之情。

成本估算：奖品费用约500元，制作视频费用约500元，其他杂费约200元；总成本约1200元。

以上是3个与城市劳动者互动的营销方案，希望能为您的劳动节活动策划提供一些参考。

Q 选择第二个方案，请给出一份详细的活动落地方案。

A “劳动美食节”活动落地方案

1.活动时间和地点

活动时间：5月1日（劳动节当天）。

活动地点：选择市中心或者人流密集的商业区域，如购物中心、步行街等。

2.活动内容

与本地知名餐厅或小吃摊合作，在其店内或店外设置特别优惠区。

推出一些劳动者喜爱的美食，并提供优惠活动或赠送小礼品。

在活动现场设置摄影区，邀请劳动者拍照留念，并分享自己的工作故事或生活感悟。

设置活动宣传展板，展示参与活动的劳动者故事和留言板内容，吸引更多人参与互动。

3.宣传推广

提前一周开始通过微信公众号、抖音和视频号发布活动预告，引起公众关注。

活动当天通过现场直播和短视频分享活动现场的热闹氛围，增加活动的曝光度。

鼓励参与活动的公众在社交媒体上分享活动内容，扩大活动影响力。

4.活动费用预算

合作费用：与餐厅或小吃摊的合作费用约800元。

小礼品费用：为参与活动的劳动者准备小礼品，费用约300元。

其他杂费：包括搭建摄影区、印刷宣传物料等的费用，约200元。

5.活动效果评估

通过活动当天的现场参与人数和销售额进行活动效果评估。

分析活动结束后的社交媒体曝光度和用户互动情况，评估活动的传播效果。

通过以上方案，我相信可以使您的“劳动美食节”活动成功落地，感谢您的信任与支持！

ChatGPT按照要求快速生成活动策划方案，其大纲较为全面，设计的营销活动有趣，预算规划合理，具有落地参考性。

3.1.3 撰写会议纪要

在任何职业领域，整理会议纪要都被视为一项关键的职业技能，尽管整理会议纪要可能是一项烦琐的任务，但WPS AI却能够轻松应对。用户只需输入会议内容、会议时间、会议地点等内容，WPS AI即可生成满足要求的会议纪要。下面是详细操作步骤。

01 打开WPS Office，新建一个空白文档。

02 进入空白文档后，连续按两次【Ctrl】键，唤醒WPS AI，如图3-1所示。或者单击导航栏中的“WPS AI”按钮，界面右侧就会弹出“WPS AI”指令框，如图3-2所示。

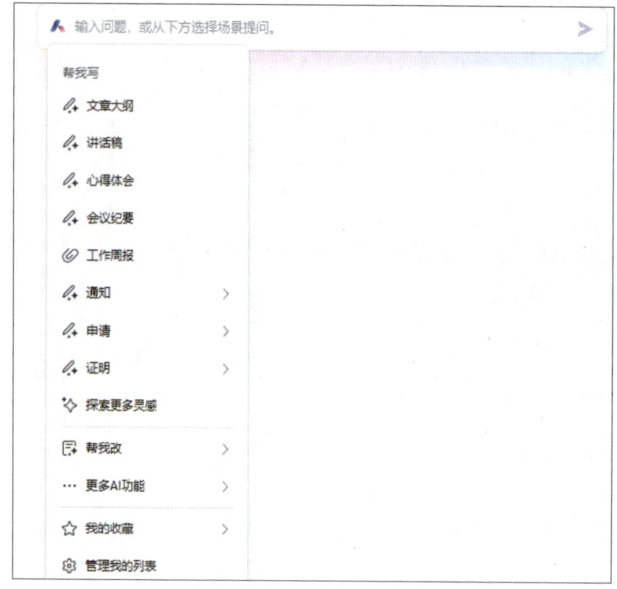

图 3-1

图 3-2

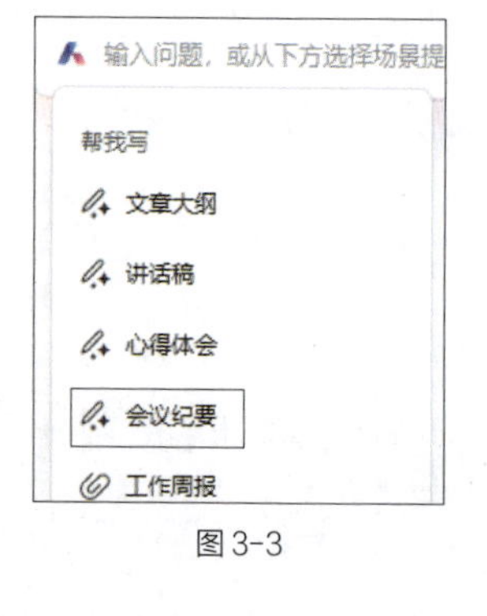

图 3-3

03 唤醒WPS AI后，在输入框下方的下拉列表中选择“会议纪要”选项，如图3-3所示。

04 在输入框中输入会议主要内容、会议时间、会议地点、参会人员等内容，如图3-4所示。

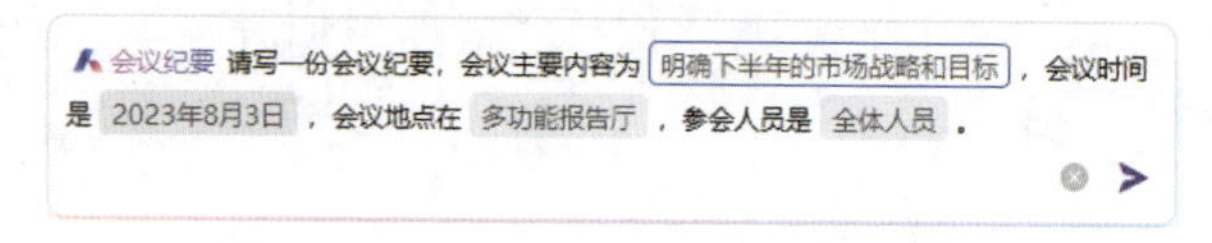

图 3-4

05 按【Enter】键确认，即可生成满足要求的会议纪要，如图3-5所示。

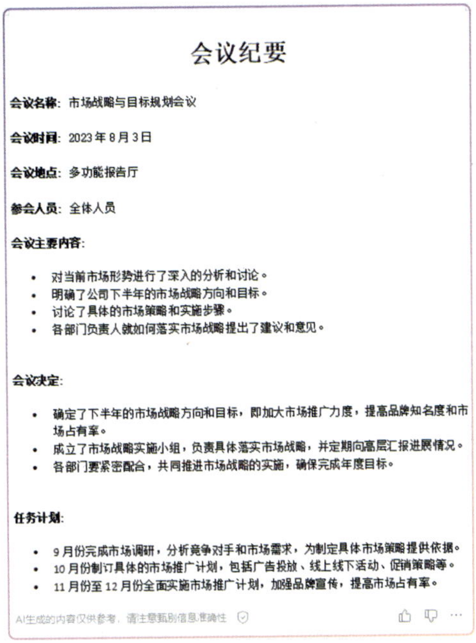

会议纪要

会议名称：市场战略与目标规划会议

会议时间：2023年8月3日

会议地点：多功能报告厅

参会人员：全体人员

会议主要内容：

- 对当前市场形势进行了深入的分析和讨论。
- 明确了公司下半年的市场战略方向和目标。
- 讨论了具体的市场策略和实施步骤。
- 各部门负责人就如何落实市场战略提出了建议和意见。

会议决定：

- 确定了下半年的市场战略方向和目标，即加大市场推广力度，提高品牌知名度和市场占有率。
- 成立了市场战略实施小组，负责具体落实市场战略，并定期向高层汇报进展情况。
- 各部门要紧密配合，共同推进市场战略的实施，确保完成年度目标。

任务计划：

- 9月份完成市场调研，分析竞争对手和市场需求，为制定具体市场策略提供依据。
- 10月份制订具体的市场推广计划，包括广告投放、线上线下活动、促销策略等。
- 11月份至12月份全面实施市场推广计划，加强品牌宣传，提高市场占有率。

AI生成的内容仅供参考，请注意甄别信息准确性

图3-5

3.1.4 撰写电子邮件

电子邮件是最常见的沟通工具之一，以前都是人工撰写的，现在则可以利用ChatGPT撰写。用户只要告诉ChatGPT具体要求，它就能轻松完成各类电子邮件的撰写工作，包括私人信函、公务类电子邮件、商务类电子邮件和营销类电子邮件的撰写。下面是利用ChatGPT撰写电子邮件的示例。

Q 我叫陈华，在IBM工作，请帮我写一封邮件提醒同事Jack尽快完成项目流程审批，要求按照商务英文标准写作，300字以内。

A Subject: Reminder: Project Workflow Approval

Dear Jack,

I hope this email finds you well. I am writing to kindly remind you about the urgent need to complete the approval process for the project. As we are approaching the deadline, it is crucial to finalize this step as soon as possible to ensure the smooth progression of the project.

Your prompt attention to this matter is highly appreciated. Please review the project details and provide your approval according to the established workflow guidelines. If you have any questions or require further information, please don't hesitate to reach out to me or the relevant team members.

Thank you for your cooperation and timely action on this important matter.

Best regards

Chen Hua

IBM

ChatGPT能够按照要求快速提供标准的商务英文内容，语法准确且有逻辑，用户只需修改具体细节就可以立即使用。

3.1.5 制作精美PPT

在日常工作中，经常需要制作PPT来进行产品展示、工作汇报等。对于多数人来说，制作一份内容丰富、外观精美的PPT可能是一项烦琐的任务。下面将介绍如何使用WPS AI快速制作PPT。

01 打开WPS Office，新建一个演示文稿。

02 单击导航栏中的“WPS AI”按钮，如图3-6所示，即可弹出指令框，如图3-7所示。

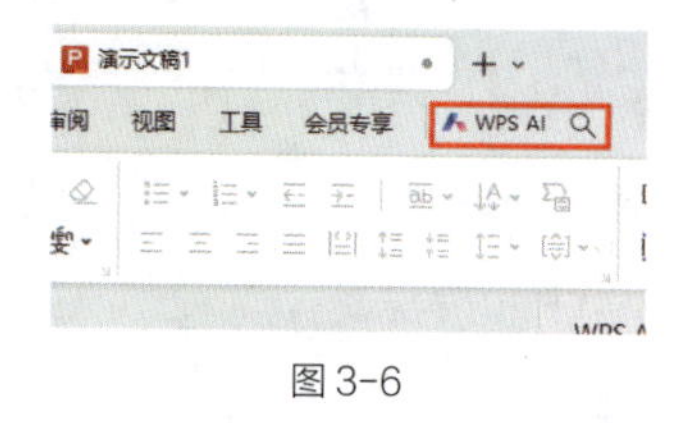

图3-6

03 在指令框中单击“一键生成”按钮，如图3-8所示，即可弹出一键生成的操作项，单击“一键生成幻灯片”按钮，如图3-9所示。

图3-7

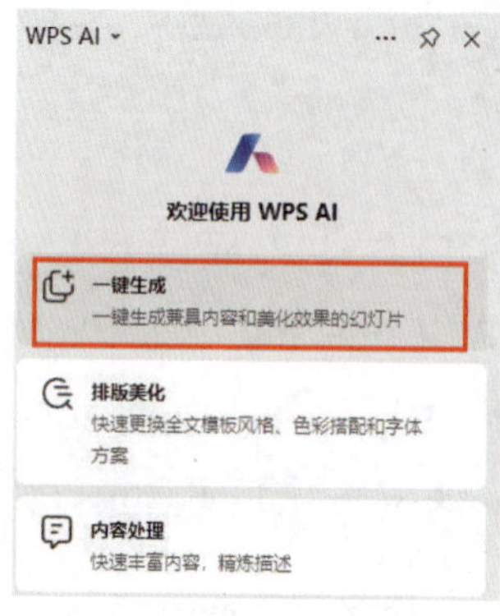

图3-8

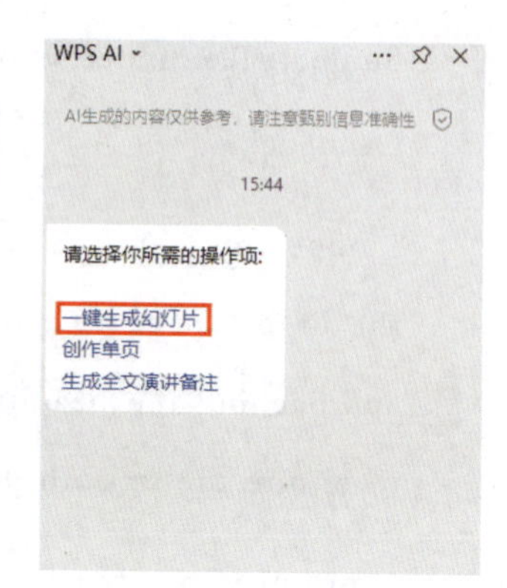

图3-9

04 你可以选择输入内容或上传文档，如选择输入内容，需输入幻灯片主题，如图3-10所示。上传文档常用于Word转PPT，如图3-11所示。

图 3-10

图 3-11

输入内容：在输入框中输入对应的幻灯片主题，单击“生成大纲”按钮或按【Enter】键，即可自动生成大纲，如图3-12所示，用户可更改部分内容，单击“生成幻灯片”按钮，然后为幻灯片选择一个主题模板，如图3-13所示。

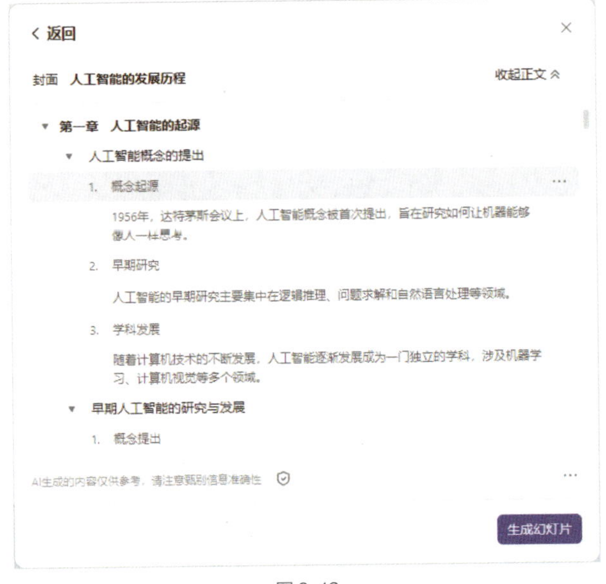

图 3-12

图 3-13

单击“创建幻灯片”按钮，最终效果如图3-14所示。

图 3-14

也可单击“上传文档”按钮，上传需要转换为幻灯片的文件，如图3-15所示。上传文档后即可自动生成幻灯片大纲，用户可更改其中部分内容，如图3-16所示。

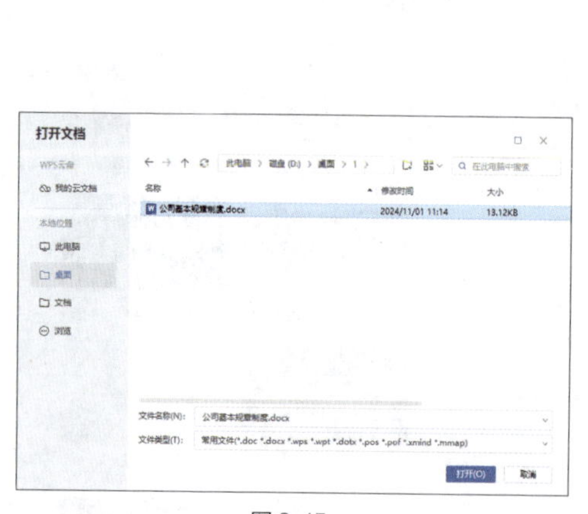

图 3-15

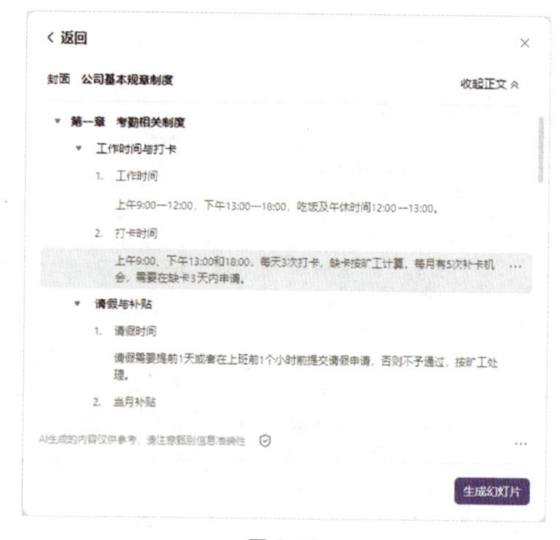

图 3-16

提示 上传文档支持导入DOC文档，要求文档字数不超过20000字，大小在10MB以内（若无目录，建议不超过3300字）。

单击“生成幻灯片”按钮，选择合适的幻灯片模板，如图3-17所示，单击“创建幻灯片”按钮，即可生成幻灯片，最终效果如图3-18所示。

图3-17

图3-18

3.1.6 生成表格

ChatGPT可以按照用户要求生成各种各样的表格。用户只要输入数据和要求，ChatGPT就能从头开始制作表格，也能根据需求变化修改表格内容。下面是利用ChatGPT生成表格的示例。

Q 请把下面的数据制成表格。

张三成绩：语文90分，数学80分，英语85分。

李四成绩：语文88分，数学95分，英语60分。

王五成绩：语文96分，数学100分，英语90分。

A 当然，这是根据提供的数据制作的表格：

姓名	语文成绩	数学成绩	英语成绩
张三	90	80	85
李四	88	95	60
王五	96	100	90

希望这个表格能帮助你更好地展示这些数据。

Q 请增加一行显示每门学科的平均成绩。

A 当然，这是包括每门学科平均成绩的表格：

姓名	语文成绩	数学成绩	英语成绩
张三	90	80	85
李四	88	95	60
王五	96	100	90
平均成绩	91.33	91.67	78.33

计算方法

语文平均成绩 = (90 + 88 + 96) / 3 ≈ 91.33

数学平均成绩 = (80 + 95 + 100) / 3 ≈ 91.67

英语平均成绩 = (85 + 60 + 90) / 3 ≈ 78.33

3.1.7 制作思维导图

思维导图是指通过视觉形式将中心主题与相关的子主题连接起来，形成一个放射状的结构。思维导图通常用于头脑风暴、记笔记、列计划和解决问题。它可以帮助人们更清晰地思考和记忆信息，促进创造力和逻辑思维的发展。用户可以使用一句话生成思维导图，也可以通过上传图片生成思维导图。这里使用的AI工具是TreeMind树图，下面介绍具体操作流程。

用文字生成思维导图的步骤如下。

01 打开浏览器，在输入框内输入“TreeMind树图”并搜索，进入其官网，如图3-19所示。

图3-19

02 在官网首页的输入框内输入相应文字，如图3-20所示。

图 3-20

03 单击“AI一键生成”按钮，即可生成精美的思维导图，如图3-21所示。

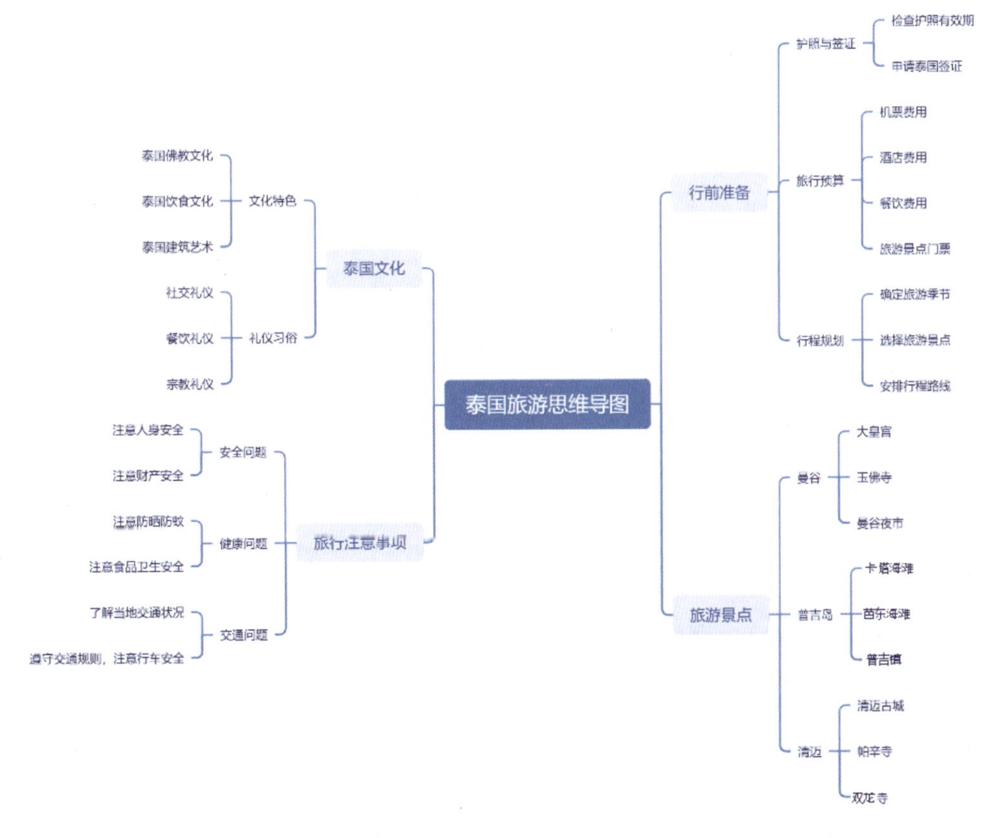

图 3-21

用图片生成思维导图的步骤如下。

01 在TreeMind官网首页中选择“AI图片转导图”选项，并单击“上传图片转导图”按钮，如图3-22所示。

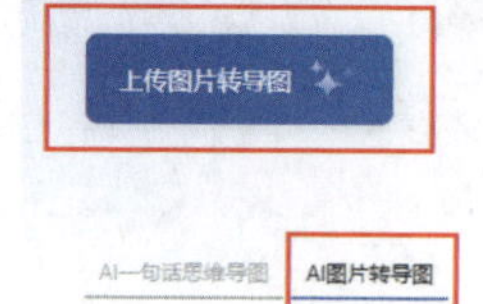

图 3-22

02 进入上传图片界面，单击“上传图片”按钮，如图3-23所示，上传需要转换的图片。

03 单击“开始转为导图”按钮，如图3-24所示，即可得到转换后的思维导图，如图3-25所示。

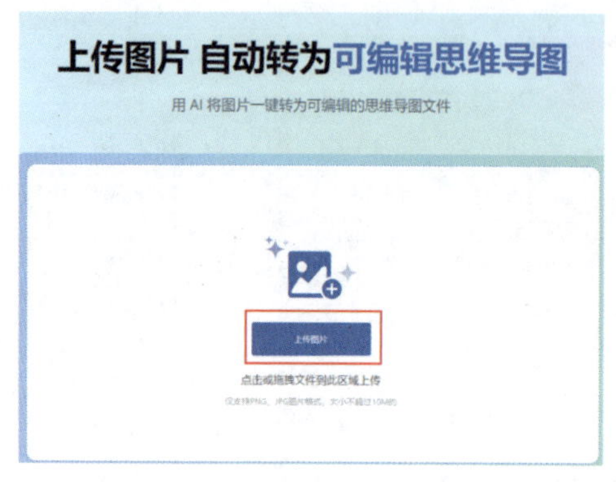

图 3-23

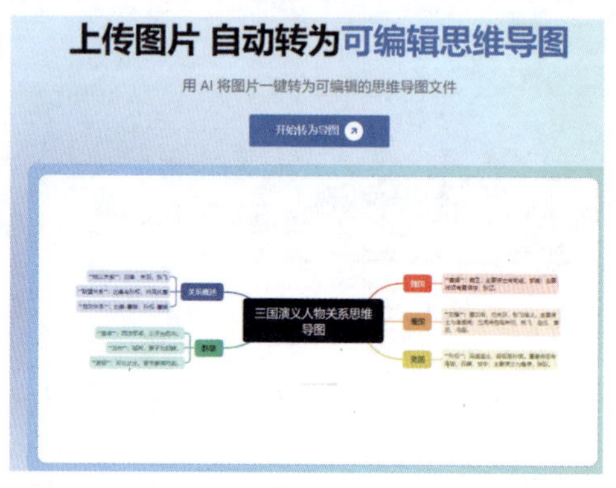

图 3-24

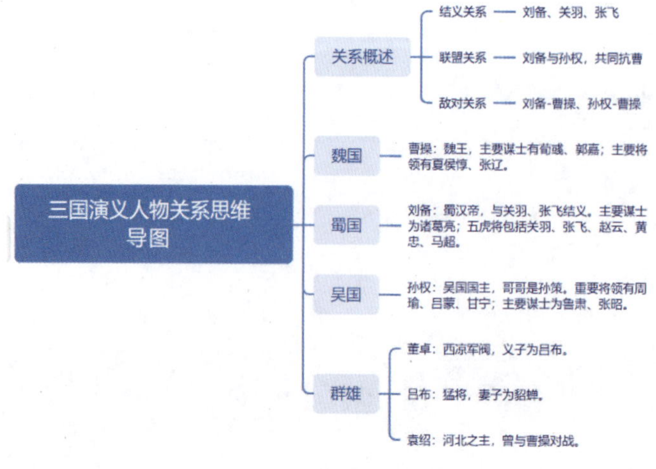

图 3-25

3.1.8 生成工作计划

AI可以在用户输入一个需求后，通过自然语言处理和机器学习算法，快速分析需求并自动生成一个可供参考的工作计划。这个功能可以帮助用户更快速、高效地制订合理的工作计划，提高工作效率。

Q 请为一名资深软件测试工程师编写一个第三季度工作计划，要求实现完成测试用例管理后台及开发至少3个通用的重要业务自动测试脚本的目标。注意你的计划需要包括以下要点：(工作目标)明确你要达成的目标，把目标分解成具体的、可衡量的指标；(工作任务)列出完成目标所需的任务，为每项任务设定截止日期，并规划好时间；(所需资源)确定你需要哪些资源来协助你完成工作任务；(风险预测)预测可能出现的困难和挑战，提前想好应对策略；(跟进与评估)制定可跟踪进度的目标，设置定期检查机制。

A 第三季度工作计划：资深软件测试工程师

工作目标

1.完成测试用例管理后台：开发和部署一个完整的测试用例管理系统，用于集中管理和跟踪测试用例。

具体指标：

系统设计和架构文档完成；

系统开发完成并进行内部测试；

部署和培训团队使用。

2.开发至少3个通用的重要业务自动测试脚本：确保这3个脚本能覆盖关键业务流程，提高测试效率和质量。

具体指标：

识别和选择3项重要业务流程；

开发和测试自动测试脚本；

集成到自动化测试框架中。

工作任务

测试用例管理后台开发。

任务1：需求分析和系统设计。

截止日期：7月15日。

……

风险预测

1.开发延迟：可能由于复杂的系统设计或开发资源不足导致项目延迟。

应对策略：提前进行需求分析和详细设计，合理分配资源并设置关键里程碑。

2.系统稳定性问题：测试用例管理系统可能在测试阶段出现问题。

应对策略：进行充分的内部测试和优化，提前安排缓冲时间。

3.自动化测试脚本失败：自动化测试脚本可能在实际运行中出现失败或不稳定的情况。

应对策略：加强脚本的单元测试和集成测试，定期检查和维护脚本。

跟进与评估

1.进度跟踪

每周召开一次进度会议，检查任务完成情况并调整计划。

每月提交一次详细的进度报告，记录已完成的工作和待完成的工作。

2.定期检查机制

每两周进行一次内部评审，检查测试用例管理后台和自动化测试脚本的开发进度和质量。

设置关键里程碑，并在每个关键里程碑后进行阶段性评估，确保项目按计划推进。

3.1.9 智能生成营销方案

AI具有卓越的自然语言处理能力。企业和个人可以利用AI实现自动化营销，提升营销效果和客户体验。以下是利用AI实现智能生成营销方案的一些案例。

1. 小红书营销方案

小红书营销方案是用户为了在小红书平台上进行有效的营销推广，提高品牌知名度、促进产品销售而制定的方案。

在制定小红书营销方案时，需要明确目标受众，并根据其兴趣爱好、消费习惯等特征来选择合适的内容形式与推广策略。一般而言，制定小红书营销方案会涉及以下几个方面。

（1）确定目标受众：需要了解品牌或产品的目标受众，包括他们的年龄、性别、兴趣爱好、消费能力等，以便更好地制定营销策略。

（2）选择内容形式：小红书上的用户喜欢阅读高质量的笔记和图片，因此，选择合适的内容形式非常重要。建议选择与品牌或产品相关的实用性强的内容形式，如教程、心得分享、产品测评等，以吸引用户关注并提高品牌知名度。

（3）制定推广策略：制定有效的推广策略是在小红书上营销的核心。建议使用以下策略。

标签营销：利用小红书上的标签功能，将品牌或产品的关键词与热门标签联系起来，提高曝光率和用户关注度。

关键意见领袖营销：与具有影响力的关键意见领袖合作，让他们代言或推荐品牌或产品，提高品牌的影响力和信任度。

社群营销：在小红书上建立或加入与品牌或产品相关的社群，与用户互动，提升用户黏性和口碑。

（4）合理安排预算：营销推广需要一定的预算支持，因此，需要合理安排预算，确保营销效果的最大化。建议根据实际情况选择合适的预算范围，并制订相应的营销计划。

Q 以“红宝石咖啡馆，纵享每一口丝滑！”为标题写一篇小红书文案。正文部分要包含浓香拿铁、坚果酸奶、哥斯达黎加手冲咖啡的产品简介。文案的每段都用表情符号隔开，文案中要包括店名、地址、环境介绍和推荐理由，至少插入5个表情符号。

A 红宝石咖啡馆，纵享每一口丝滑！

📍 店名：红宝石咖啡馆。

📍 地址：某某路123号，二楼。

☕ 浓香拿铁：我们店里的拿铁选用进口的优质咖啡豆，经过精心烘焙和细致研磨，每一杯都散发出浓郁的香气；丝滑的牛奶与醇厚的咖啡完美融合，带给你无与伦比的味蕾享受。无论是忙碌的早晨还是惬意的下午，都可以让你瞬间精神焕发。😊

🥣 坚果酸奶：这里的坚果酸奶不仅外观好看，而且营养丰富；酸奶的清新口感搭配各种坚果和新鲜水果，让每一口都充满惊喜；不仅是健康早餐的绝佳选择，也可以用于午后补充能量；每一口都让你感受到大自然的馈赠。🌰🍓

☕ 哥斯达黎加手冲咖啡：如果你是手冲咖啡的爱好者，那么一定不要错过我们店里的哥斯达黎加手冲咖啡；经过专业手法冲泡，每一滴咖啡都保留了原始的风味；口感层次丰富，酸甜平衡，仿佛进行了一场味觉的旅行，让你感受到来自远方的纯净与自然。🌿

🍃 环境介绍：红宝石咖啡馆不仅有美味的咖啡和健康的餐点，还有温馨的环境；店内的装修风格简约大方，灯光柔和，每一个角落都充满了温暖的氛围；无论是一个人独处，还是朋友聚会，这里都是一个理想的去处。📷

👫 推荐理由：红宝石咖啡馆不仅仅是一家咖啡馆，更是你生活中的一部分；无论是享受一杯浓香拿铁，还是品味一碗坚果酸奶，又或是沉醉于一杯哥斯达黎加手冲咖啡，这里都能满足你对美好生活的期望；快来红宝石咖啡馆，纵享每一口丝滑吧！✨

2. 短视频带货脚本

短视频带货脚本是指在短视频平台上，通过拍摄和编辑短视频来展示和推广商品的一种脚本。它可以帮助商家和达人在短视频中更好地展示商品的特点、使用方法、搭配推荐等，从而吸引观众的注意力，提高转化率。

Q 你现在是一名带货主播，你需要根据我给出的商品信息撰写一段直播带货口播脚本。你需要放大商品的亮点和价值，激发购买欲。接下来是这款商品的信息。 商品名称：铭鸣男士短袜。 商品亮点：轻薄、透气、防臭。

A 大家好，欢迎来到我们的直播间！今天我要给大家推荐一款绝对让你惊喜的产品——铭鸣男士短袜！

首先，这款短袜采用超轻薄设计，穿上去几乎感觉不到它的存在，就像你的第二层肌肤，完全不会有闷热的感觉，它让你无论是在日常通勤、运动健身还是在休闲时，都能享受极致的舒适。

其次，它的透气性能也是一大亮点。它采用了高科技纤维材料，能够迅速排汗，让你的双脚时刻保持干爽，让你再也不用担心汗湿带来的不适感。无论是炎热的夏天还是潮湿的季节，铭鸣男士短袜都能让你告别汗湿，自信满满。

最重要的一点是这款短袜还有防臭功能！它采用了抗菌纤维，能够有效抑制细菌滋生，长时间穿着也不会有异味产生。你再也不用担心尴尬的脚臭问题，在任何场合都能保持自信。

这样一款集轻薄、透气、防臭于一体的铭鸣男士短袜，是每个男士日常生活中的必备单品！心动不如行动，现在点击下方链接，即可享受我们直播间的专属优惠，赶紧下单吧！

3. 广告片文案

广告片文案是指通过文字、图像、声音等多种形式，向潜在客户展示产品或服务的特点、优势和价值，以吸引客户关注、激发客户的购买欲望和引导客户行动的广告形式。

以下是一些广告片文案的常见特点和技巧。

（1）创造吸引力：通过创造一个吸引人的场景或表达一个有趣的事实，引起客户的注意和好奇心，如下面智能扫地机器人广告片文案中的开篇描述。

（2）突出产品或服务的特点：通过强调产品或服务的特点和优势，让客户感受到其独特性和价值，如下述广告片文案中智能扫地机器人的自主规划清洁路线、智能识别地面环境等特点。

（3）建立信任感：通过展示品牌信誉、质量保证、用户口碑等元素，建立客户的信任感，如下述广告片文案中的“无论是木地板、瓷砖还是地毯”“省时省力”等表述。

（4）引导客户行动：通过明确的呼吁或引导，让客户采取行动购买或了解更多信息，如下述广告片文案中的“现在购买，体验智能生活的便捷与高效”等表述。

Q 请为一款智能扫地机器人设计广告片文案，要求体现智能控制、省时省力的产品特色。

A 画面开始：一个繁忙的早晨，主人公匆忙地准备出门。

旁白：每一天，都有无数的事情在等待着你；你是否曾希望家务能够自动完成？

画面切换：主人公在手机上轻轻一点，智能扫地机器人启动。

旁白：智能扫地机器人——你的智能清洁助手。

画面展示：智能扫地机器人自动规划清洁路线，精准避障，灵活穿梭于家具之间。

旁白：智能控制，只需一键启动，智能扫地机器人就能自主规划清洁路线，高效避障，全方位清洁每一个角落。

画面切换：智能扫地机器人在客厅、厨房、卧室等不同类型的地面上轻松工作。

旁白：无论是木地板、瓷砖还是地毯，它都能轻松应对，带来全方位的洁净体验。

画面展示：主人公在办公室忙碌工作，手机显示清洁完成的通知。

旁白：节省时间，享受生活；智能扫地机器人，让你专注于更重要的事情。

画面切换：主人公回到家，看到干净整洁的地板，露出满意的笑容。

旁白：省时省力，告别烦琐家务，让生活更轻松。

结尾画面：智能扫地机器人静静地停在角落，显得科技感十足。

旁白：智能扫地机器人，你的家庭清洁新标准；现在购买，体验智能生活的便捷与高效。

字幕：智能扫地机器人——智能控制，省时省力；立即购买，开启智能清洁新时代。

3.1.10 智能辅助代码编程

AI能够帮助程序员更高效地编写和维护代码，具体包括自动代码补全、语法检查、代码建议、错误检测和代码优化等功能。

1. 代码debug

代码debug功能可以通过多种方式帮助开发人员识别和修复代码错误。它可以检测代码中的语法错误、运行时错误和逻辑错误，并提供相应的错误信息和建议。此外，代码debug功能还可以自动修复一些常见的错误，如代码中的拼写错误、缺失的括号、错误的变量名等。

Q 仔细阅读下面的Python代码，判断运行后是否会报错。如果会报错，请说明原因，并给出解决方法；如果不会报错，请回答“无错误”。你需要处理的代码为：

python　　复制代码

```python
1  s = 1
2  def test():
3      s += 1
4      print(s)
5  test()
```

A 运行这段Python代码后会报错。具体来说，错误是由于尝试在函数内部修改全局变量 s 而没有使用 global 关键字。

原因：

在 test() 函数内部，s += 1 会导致UnboundLocalError。这是因为Python解释器在看到 s += 1 时，会认为 s 是一个局部变量，并尝试在函数的本地作用域中查找和修改它。但是，因为没有在函数作用域内声明 s，这会导致错误。

解决方法：

要解决这个问题，可以使用 global 关键字来声明 s 为全局变量，从而在函数内部对其进行修改。

修改后的代码如下：

python 复制代码

```python
s = 1

def test():
    global s
    s += 1

print(s)
test()
```

输出：

plaintext 复制代码

```
1
```

运行 test() 后，s 的值会被修改为 2，如果在 test() 后再次输入 s，则会输出 2。

修改后的代码如下：

python 复制代码

```python
s = 1

def test():
    global s
    s += 1

print(s)  # 输出1
test()
print(s)  # 输出2
```

2. 代码性能优化

代码性能优化是在进行代码开发过程中自动优化代码性能的功能。

具体而言，代码性能优化功能可以通过多种方式来优化代码性能。它可以检测代码中的瓶颈和冗余操作，并提供优化建议，如减少循环次数、避免重复计算、使用更高效的数据结构等。此外，代码性能优化功能还可以自动进行代码重构，将代码转换为更高效的形式，如使用并行计算、减少内存分配等。

通过代码性能优化功能，开发人员可以提高代码的执行速度和效率，减少资源消耗，提升应用程序的性能和响应速度。这有助于改善用户体验，提高应用程序的可靠性和稳定性。

Q 现在你是一名SQL专家，请理解我的代码并给出对应的优化建议及示例。

我给出的代码是：

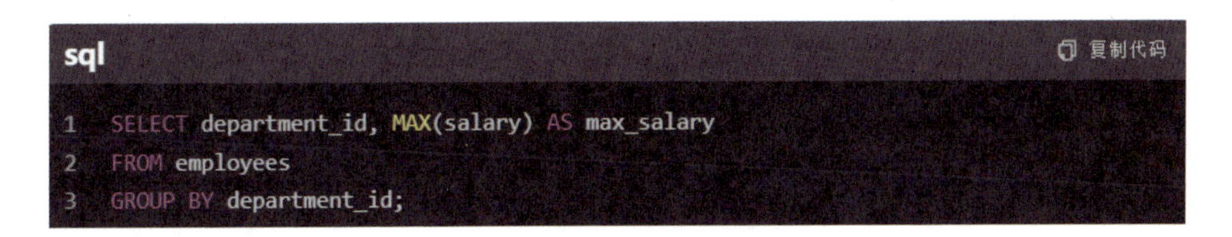

sql 复制代码

```sql
SELECT department_id, MAX(salary) AS max_salary
FROM employees
GROUP BY department_id;
```

A 作为一名SQL专家，我认为您给出的是一个查询代码，用于找出每个部门中的最高薪水。然而，从优化的角度来看，我们主要关注的是如何确保这个查询代码能够高效地执行，特别是当employees表变得非常大时。以下是一些优化建议。

1.确保索引存在

确保department_id列上有索引。这是因为在执行GROUP BY操作时，数据库需要能够快速地对department_id进行排序和分组。如果department_id列上没有索引，数据库可能会进行全表扫描，这将极大地降低查询性能。

sql 复制代码

```sql
-- 假设尚未创建索引，可以创建如下索引
CREATE INDEX idx_department_id ON employees(department_id);
```

2.检查索引的使用

即使创建了索引，也要检查数据库是否实际使用了该索引。

3.考虑其他查询条件

如果查询中经常包含其他条件（如特定的部门ID范围或日期范围），考虑在这些列上也创建索引，或者创建一个包含多个列的复合索引。但是，请注意，复合索引的使用应该基于查询的实际模式。

4.使用查询缓存（如果适用）

如果数据库支持查询缓存，并且这个查询的结果在一段时间内不会频繁变化，那么可以考虑利用查询缓存来减少数据库的负载和提高查询速度。但是，请注意，查询缓存也可能导致数据不一致的问题，特别是在高并发性的更新场景下。

5.考虑查询的并发性

如果多个用户或进程可能同时执行这个查询，考虑查询的并发性对性能的影响。在某些情况下，可能需要通过数据库锁或其他并发控制机制来管理查询的执行。

6.定期维护数据库

定期执行数据库的维护任务，如更新统计信息、重建索引和碎片整理等，可以确保数据库的性能保持在最佳状态。

对于您给出的查询，优化主要集中在确保department_id列上有索引，并检查索引是否被有效利用。以下是一个创建索引的示例（如果尚未创建）：

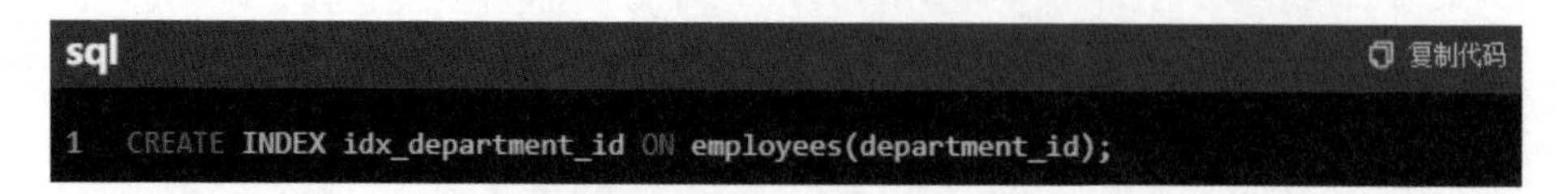

```sql
1  CREATE INDEX idx_department_id ON employees(department_id);
```

然后，您可以通过查看查询执行计划来确认索引是否被使用。在大多数数据库管理系统中，这可以通过执行类似EXPLAIN SELECT department_id, MAX(salary) AS max_salary FROM employees GROUP BY department_id;的命令来完成（具体语法取决于您使用的数据库）。

3. 代码分析

代码理解功能可以理解代码，并能对代码进行分析和解释。它可以识别代码的语法结构、变量、函数、类、模块等组件，以及它们之间的关系。此外，该功能还可以识别代码的控制流和数据流，从而帮助用户理解代码的执行过程。

Q 请作为资深开发工程师，解释我给出的代码。请逐行分析我的代码并给出你对这段代码的理解。我给出的代码是：

java

```java
1  public static String getMD5Str(String str) {
2      byte[] digest = null;
3      try {
4          MessageDigest md5 = MessageDigest.getInstance("md5");
5          digest = md5.digest(str.getBytes("utf-8"));
6      } catch (NoSuchAlgorithmException e) {
7          e.printStackTrace();
8      } catch (UnsupportedEncodingException e) {
9          e.printStackTrace();
10     }
11     return new BigInteger(1, digest).toString(16);
12 }
```

A 作为资深开发工程师，我将逐行分析您给出的代码，并给出我的理解。

java

```java
1  public static String getMD5Str(String str) {
```

这行代码定义了一个名为getMD5Str的公开静态方法，它接收一个String类型的参数str，并返回一个String类型的结果。这个方法的目的是计算传入字符串的MD5哈希值，并返回其十六进制表示形式。

java　　复制代码

```java
1  byte[] digest = null;
```

这行代码声明了一个byte[]类型的变量digest，并将其初始化为null。

java　　复制代码

```java
1  try {
```

这行代码开始了一个try块，用于尝试执行可能抛出异常的代码块。

java 复制代码

```java
1 MessageDigest md5 = MessageDigest.getInstance("md5");
```

在try块内，这行代码调用了MessageDigest.getInstance("md5")方法来获取一个MD5消息摘要算法的MessageDigest实例。这个实例将用于计算字符串的MD5哈希值。

java 复制代码

```java
1 digest = md5.digest(str.getBytes("utf-8"));
```

接下来，这行代码使用str.getBytes("utf-8")将输入的字符串str转换为UTF-8编码的字节数组，然后调用md5.digest(...)方法计算这个字节数组的MD5哈希值，并将结果存储在之前声明的digest变量中。

java 复制代码

```java
1 } catch (NoSuchAlgorithmException e) {
2         e.printStackTrace();
3     } catch (UnsupportedEncodingException e) {
4         e.printStackTrace();
5     }
```

这两个catch块分别捕获NoSuchAlgorithmException和UnsupportedEncodingException异常。然而，这两个异常在实际应用中几乎不可能发生，因为MD5算法是被广泛支持的，并且UTF-8编码也是Java平台的标准编码之一。

java 复制代码

```java
1 return new BigInteger(1, digest).toString(16);
```

最后，这行代码尝试将digest字节数组转换为一个BigInteger实例，并调用其toString(16)方法将MD5哈希值的字节表示转换为无符号的十六进制字符串。但是，这里存在一个潜在的问题：如果digest为null（即如果在前面的try块中发生了异常并且没有被适当处理），那么这行代码将抛出NullPointerException。

总结

这段代码的目的是计算并返回一个字符串的MD5哈希值的十六进制字符串表示。然而，它存在一个问题，即没有正确地处理digest变量可能为null的情况。在实际应用中，如果digest为null，则应该返回一个表示错误的值（如null、空字符串或特定的错误消息），或者抛出一个更具体的异常来指示MD5哈希值无法计算。此外，虽然捕获NoSuchAlgorithmException和UnsupportedEncodingException异常在理论上是好的做法，但在这个特定的例子中，这些异常几乎不可能发生。

3.2 AI写作：高效优质，领略其卓越之处

AI写作指的是使用AI技术来生成文本内容的过程。这种技术结合了自然语言处理和机器学习等领域的方法，使计算机能够理解、分析和生成人类可读的文本。AI写作可以用于各种领域，如自动化生成新闻报道、文章、营销内容、诗歌、小说、技术文档等。

3.2.1 诗词写作

用户可以选择不同的诗词体、韵律和主题，然后输入相应的关键词和情感表达方式。基于这些输入，AI可以生成符合要求的诗词，并为用户提供修改建议和音韵校对等服务，帮助用户提升诗词质量。此外，用户还可以参考AI提供的诗词写作技巧和范文，以提高自己的诗词创作水平。诗词写作功能旨在帮助用户快速生成高质量的诗词，满足用户对传统文化和诗词艺术的需求。下面是具体示例。

Q 请写一首描述塞外边疆的五言律诗，要求辞藻华丽，意境真切，画面鲜活。

A 塞外边疆五言律诗

长风卷草沙，

大漠映朝霞。

孤烟直万里，

落日染黄花。

马嘶风尘起，

旌旗映天涯。

城头铁甲冷，

夜半听胡笳。

这首五言律诗描绘了塞外边疆的雄伟壮丽景象。长风卷起沙尘，广袤的大漠在朝霞的映照下显得壮美无比。孤烟直上，映衬出边疆的辽阔与寂寥，落日染红了黄花，渲染了边疆的苍凉和美丽。马嘶声响起，风尘四起，旌旗映照在天边。城头的铁甲在寒风中显得冰冷，夜半时分传来胡笳声，令人心生感慨。整首诗意境真切，画面鲜活，辞藻华丽。

Q 请写一首散文诗来赞美江南春色，要求是抒情诗，并给出诗的标题。

A 江南春韵

江南的春，如一位温婉的少女，

轻步踏过石桥，翠袖轻拂，唤醒了一池春水。

柳絮飘飘，如诗如梦，织就了春的锦绣。

烟雨蒙蒙，轻纱般的雾霭，

轻笼着青砖黛瓦的古镇，仿佛水墨画中的仙境。

碧波荡漾，渔舟唱晚，一曲江南小调，

醉了春风，也醉了那千年的等待。

桃花嫣红，杏花如雪，

点缀在枝头，仿佛是春的使者，

她们轻启朱唇，浅笑嫣然，

诉说着春天的故事，温馨而浪漫。

翠竹摇曳，绿意盎然，

与春水相映，构成了一幅生动的画卷。

竹影婆娑，伴着微风，轻轻摇曳，

似乎在诉说着岁月静好，现世安稳。

燕子归来，呢喃细语，

在屋檐下筑巢，开启了新的生活篇章。

它们穿梭在柳丝之间，轻盈灵动，

为这春日的江南，增添了几分生机与活力。

江南的春，是一首抒情的诗，

她婉约、柔美，充满了无尽的韵味。

她以那独特的魅力，吸引着无数文人墨客，

为她挥毫泼墨，留下一篇篇不朽的篇章。

让我们沉醉在这江南的春色里，

感受那无尽的温柔与美好，

让心灵得到洗涤与升华，

与这春日的江南，共同谱写一曲永恒的赞歌。

3.2.2 文本续写

文本续写通常指的是基于已有的文本内容，通过自然语言处理技术或人工智能算法，生成与原文风格、主题或情节相匹配的后续文本。这种功能可以应用于多种场景，如小说创作、故事续写、文章扩展等。

通过文本续写功能，用户可以在已有文本的基础上快速生成新的内容，丰富原有的故事。这种功能对于用户来说非常有用，可以帮助用户提高创作效率，激发创作灵感。

Q 请帮我续写以下文本："在一个宁静的小镇上，住着一位名叫艾丽斯的女孩。她总是对周围的一切充满了好奇，经常独自一人在森林中探险。某一天，她在森林深处发现了一扇奇怪的门……"要求故事情节曲折，800字左右。

A 在一个宁静的小镇上，住着一位名叫艾丽斯的女孩。她总是对周围的一切充满了好奇，经常独自一人在森林中探险。某一天，她在森林深处发现了一扇奇怪的门。这扇门古老而神秘，上面布满了藤蔓和青苔，似乎已经有许多年未曾被人触碰。艾丽斯的好奇心瞬间被激起，她小心翼翼地推开了那扇门。

门后的景象让艾丽斯惊讶不已。那是一片充满魔法的异世界，天空中飘着五彩斑斓的气泡，树木的叶子闪烁着柔和的光芒。艾丽斯感到既兴奋又有些害怕，但她决心一探究竟。她沿着一条小径前行，路旁的花朵似乎在低声细语，欢迎她的到来。

走了不久，艾丽斯遇到了一只会说话的白兔。白兔自称是这个世界的导游，名叫菲尔。菲尔告诉艾丽斯，这个世界名叫"魔幻之境"，充满了神奇的生物和未知的冒险。菲尔提到，"魔幻之境"的中心有一座古老的城堡，城堡里藏着一块能实现任何愿望的魔法宝石。

艾丽斯决定跟随菲尔去寻找那块魔法宝石。然而，在前往城堡的路上，他们遇到了重重阻碍。首先是一片黑暗的沼泽，沼泽中潜伏着可怕的怪物。菲尔提醒艾丽斯要小心，但她还是陷入了沼泽。就在艾丽斯感到绝望时，突然出现了一只巨大的蜻蜓，将她从沼泽中救了出来。

逃出沼泽后，他们又来到了一个迷宫般的森林。这里的树木会不断移动，以困住任何试图穿越的人。艾丽斯和菲尔花了好几个小时才找到正确的路线，最终成功走出了森林。通过这些冒险，艾丽斯学会了勇敢和坚持。

当他们终于到达城堡时，发现城堡被一条巨龙守护着。艾丽斯和菲尔尝试与巨龙沟通，但巨龙似乎并不愿意放行。就在这时，艾丽斯灵机一动，她取出从森林中采集的奇异花朵，送给了巨龙。出乎意料的是，巨龙非常喜欢这些花朵，欣然让路。

进入城堡后，艾丽斯找到了那块魔法宝石。她犹豫了一下，心中涌起了许多愿望。最后，她决定将魔法宝石用来实现这个世界的和平。魔法宝石发出耀眼的光芒，“魔幻之境”变得更加美丽和谐。菲尔感谢艾丽斯，并告诉她，魔法宝石还赋予了她一个回到现实世界的机会。

艾丽斯带着这段奇幻的冒险记忆回到了小镇。虽然她回归了平凡的生活，但她知道，那个神秘的世界和那些不可思议的经历，将永远留在她心中，成为她勇敢面对未来的动力。

3.2.3 文本改写

文本改写是指AI能够对用户输入的文本内容进行改写，使其在原意不变的情况下，以不同的方式表达出来。

文本改写功能不仅可以提高写作效率，帮助用户快速修改和润色文本，还可以提供更多的写作选择和可能性，帮助用户发掘文本的潜在含义和表达方式。

例如，对于需要大量撰写文本的工作者，如新闻记者、英语写作教师、文案策划等，文本改写功能可以帮助他们快速地修改和润色文本，提升文本的可读性和流畅性。同时，对于语言学习者和翻译者，该功能也可以帮助他们加深对语言的理解和运用能力。

Q 请将以下段落进行改写。

冬天来了，大地好像穿上了一件厚厚的白棉衣。雪花慢慢飘下来，落在屋顶、树枝和路面上，整个世界都变得洁白一片。早上出门时，空气冷得清清爽爽，哈口气就能看到白雾在眼前飘散开，像是冬天的“烟花”。路边的树枝挂满了小冰晶，微风一吹，发出轻轻的“沙沙”声，仿佛在悄悄讲述冬天的故事。大家都裹得严严实实，走在雪地上发出“嘎吱嘎吱”的声音，脸上有一种冬天特有的、红扑扑的气色。冬天的冷清和宁静，总让人不自觉地慢下来，像是大自然在告诉我们，好好休息一下，为新的一年积攒力量。

A 冬天，整个世界像是披上了一层厚厚的银装。雪花在空中悠然飘舞，落在屋顶、树枝和街道上，把大地装点得一片纯白。清晨的空气中透着微微的寒意，呼吸间吐出的白雾仿佛是一种独特的冬日语言，轻轻地缠绕在身边。树木安静地站在寒风中，枝头挂满了冰晶，微风一吹，偶尔还能听到轻微的“沙沙”声，仿佛是冬天在低声诉说着自己的故事。人们裹着厚厚的衣物，脚步匆匆地走在被雪覆盖的路上，每个人的脸上都带着冬日特有的红润。冬天的静谧和冷冽，让人感到一种宁静，像是自然在提醒我们，用片刻的停歇来准备来年新的开始。

Q 请帮我改写以下段落，要求内容简洁明了，表达清晰。“两个同样努力工作的人，自信的人在工作时总会以一种更轻松的方式度过:当很好地完成了任务时，会认为这是因为自己有实力，当遇到实在无法完成的任务时，则认为也许任务本身实在太难。而缺少自信的人则会把成功归功于好的运气，把失败看成是自己本领不到家。只是由于这小小的心理差异，虽然两人花的时间，精力都差不多，但往往较为自信的那一方收获要大得多。”

A 两个同样努力工作的人，自信的人通常以更轻松的方式完成任务：当成功时，他们会认为是因为自己的能力，而面对无法完成的任务时，他们会认为任务本身太难。而缺乏自信的人会把成功归因于运气，把失败归因于自身能力不足。虽然两人付出的时间和精力相似，但自信的人往往收获更多。

3.2.4 视频脚本制作

视频脚本制作功能是用来规划和组织视频内容的工具。它可以帮助创作者提前构思视频的主题、结构、镜头、场景等元素，并将这些元素以文字的形式记录下来。通过视频脚本制作功能，创作者可以更好地把握视频的整体思路和逻辑，确保拍摄和制作过程中不会遗漏关键内容。

Q 现在你是一个资深美食自媒体博主，你需要写一份制作排骨米饭的视频脚本，要求画面鲜活，内容吸睛且体现专业性。

A 排骨米饭制作视频脚本

开场

画面：镜头缓缓扫过整洁的厨房，聚焦在摆放整齐的食材和调料上。

旁白：欢迎大家！今天，我们要做一道家常美味——排骨米饭，保证你一学就会，一吃就爱！

食材展示

画面：依次展示食材的特写镜头，配有文字标注。

旁白：准备好了吗？首先，我们来看看今天的主角们：新鲜排骨500克、大米200克、洋葱半个、蒜3瓣、生姜1块、酱油、料酒、糖、盐和植物油。

处理排骨

画面：特写镜头下，厨师将排骨切块，放入清水中浸泡，去血水。

旁白：第一步，我们要将排骨切成小块，放入清水中浸泡，去血水，换几次水，直到水变清。

画面：排骨泡好后，入锅焯水，沥干水分。

旁白：接下来，把排骨放入开水中焯一下，去掉杂质，之后捞出排骨，沥干水分备用。

腌制排骨

……

结尾

画面：镜头切回全景，展示整道菜的成品，同时展示全家共享美食的温馨场面。

旁白：怎么样，做这道排骨米饭是不是很简单呢？赶快在家试一试吧！喜欢的话，记得点赞、关注，更多美食攻略等你来发现！我们下期再见！

封面

画面：排骨米饭的成品图，配上视频标题和视频号二维码。

拍摄建议：多使用特写镜头，特别是在展现食材的新鲜度和制作过程中的关键步骤时，确保画面鲜活、吸睛；可以适当加入一些背景音乐和字幕，增强视频的专业感和观赏性。

Q 现在你是一位日常Vlog博主，请你写一份女大学生“早八”上课前快速上妆Vlog脚本，要求内容详细，风格贴近日常，体现上妆的速度快。

A 女大学生“早八”上课前快速上妆Vlog脚本

开场

画面：镜头对准闹钟，闹钟显示7:00AM，背景音乐轻快。

旁白：大家早上好！今天我要和大家分享一个女大学生“早八”上课前的快速上妆日常。现在是早上七点，距离我的第一节课还有一个小时，快来跟我一起看看我是怎么在短时间内搞定妆容的吧！

起床准备

画面：镜头跟随起床的动作，人物穿着舒适睡衣，伸个懒腰，快速走向洗手间。

旁白：首先，当然是要快速起床洗漱啦！刷牙、洗脸，这些步骤就不详细拍摄了，大家自己搞定就好。

护肤步骤

画面：镜头对准洗手间镜子，特写护肤品。

旁白：洗完脸后，我们要进行基础的护肤。先用化妆水拍打全脸，然后涂上保湿乳液，给皮肤打个底，让皮肤保持水润。这个步骤大概要2分钟。

上妆步骤

画面：镜头对准化妆台，特写各类化妆品。

……

最后调整

画面：镜头再次对准洗手间镜子，人物整体检查妆容，整理头发。

旁白：最后，检查一下整体妆容，整理好头发，一切OK！整个过程不到15分钟，非常适合“早八”赶时间的同学们。

出发

画面：背上书包，走出宿舍，阳光洒在脸上。

旁白：现在是7:20，时间刚刚好，背上书包，出发去上课吧！希望大家喜欢今天的快速上妆日常分享，记得点赞、关注哦！我们下期再见！

3.2.5 文本扩写

文本续写和文本扩写都是对现有文本进行扩展，但它们有着不同的目的和方法。

文本续写是在现有文本的基础上，继续创作新的内容，以形成一篇更长更完整的故事、文章或其他作品。文本续写通常会遵循原始文本的情节、主题和风格，但也会引入新的元素和转折，以扩展故事或深化角色。例如，作者可能会在已经完成的部分之后，创作新的一章来延续故事的发展。

文本扩写则是对现有的文本进行详细的阐述、补充或解释，以使读者更好地理解和领会原始文本的含义和意图。文本扩写通常会增加新的细节、例子、说明或解释，但不会改变原始文本的主题或核心内容。例如，在对一篇科学论文的解释中，科普作家可能会对论文中的一些概念、实验或理论进行扩写，以使普通读者更容易理解。

Q 请将一段文本扩写为一篇小故事，让内容更加翔实，文本内容为："在遥远的未来，人类已经掌握了时间旅行技术。这项技术被用于探索历史和预测未来，但也有一些人利用它来改变历史。"

A 在遥远的未来，人类终于掌握了时间旅行技术。这项技术被广泛用于探索历史的奥秘和预测未来的走向，成为人类文明发展中的重要一环。然而，随着时间旅行技术的普及，一些人开始尝试利用它来改变历史，引发了一系列的事件。

故事的主人公是一名年轻的时间旅行者，他叫艾伦。艾伦是一个热爱历史的年轻人，他对过去充满了好奇心。一天，他利用时间旅行技术前往了20世纪初的巴黎，目睹了那个时代著名的艺术复兴运动，也目睹了一些伟大艺术家的创作过程，深受启发。

然而，就在艾伦准备返回未来的时候，他发现自己被卷入了一场历史的动荡中。一群利用时间旅行技术的坏人，企图利用这项技术改变历史进程，导致未来世界的混乱。艾伦决定挺身而出，阻止这些恶棍的行动。

经过一番激烈的斗争，艾伦最终成功阻止了坏人的阴谋，但他也意识到时间旅行技术的危险性。回到未来后，艾伦成为一名时间旅行技术的守护者，他努力维护着历史的正常发展，防止时间旅行技术被滥用。他用自己的行动证明，时间旅行技术不仅是一种探索历史的方式，更是一种责任和担当。

3.2.6 剧本创作

剧本创作主要是为了帮助用户创作故事或剧本。用户可以输入自己的创意或者创作背景，然后系统会根据用户的输入生成一个初步的剧本或故事。当然，这只是草案，用户可以根据自己的喜好和需求进行修改和调整。另外，用户也可以通过参考剧本模板来创作剧本，让自己的创作更加规范和丰富。

Q 你是一个科幻小说编辑，现在你正在准备一个科幻类的剧本，这个剧本的主要内容是地球对外星生命的探索，体现人类与外星生命体之间的紧密关系，并且体现出人类顽强的斗志。要求故事情节有转折，并且在剧本中体现先进的科技。请给出这个剧本的主要思路和框架。

A 星际共生：地球与外星生命的交响。

剧本基本思路：

本剧本以地球对外星生命的探索为主线，展现了一系列充满转折与发现的冒险故事。随着地球科学家团队与外星生命体的首次接触，双方从误解、冲突到逐渐理解、合作，最后共同面对来自宇宙深处的未知威胁。在这个过程中，人类的科技不断进步，展现了人类在面对未知时的顽强斗志和无限可能。

剧本框架:

第一幕: 探索的曙光。

地球科学家团队在遥远星系发现了一颗可能孕育生命的行星——“蓝渊星”。

地球科学家团队启动“星际使者”计划，派遣一艘配备先进科技的探索飞船前往“蓝渊星”。

飞船搭载有AI助手“星语”，可以协助科学家进行数据分析与决策。

第二幕: 首次接触。

飞船抵达“蓝渊星”，地球人发现了一种高度智能的外星生命体——“渊灵”。

由于语言和文化的差异，地球人与“渊灵”之间产生了误解和冲突。

“渊灵”展现出强大的科技能力，如隐形技术、心灵感应等，让地球人感到震惊和不安。

第三幕: 冲突升级。

地球人与“渊灵”之间的冲突不断升级，双方开始互相攻击。

地球人利用飞船的先进武器系统，如高能激光炮、电磁脉冲武器等，与“渊灵”展开激战。

“渊灵”利用心灵感应能力，对地球人进行精神攻击，导致地球人内部出现分裂。

……

第七幕: 星际共生。

地球人与“渊灵”在战斗中建立了深厚的友谊，双方决定共同探索宇宙。

地球科学家团队将“蓝渊星”作为外星生命研究基地，与“渊灵”共同研究宇宙中的奥秘。

地球与“蓝渊星”之间建立了星际通信网络，两个星球的文明开始交融共生。

结尾：

以地球人与“渊灵”在宇宙中携手前行的画面作为结尾，象征着人类对未知世界的探索精神和与外星生命和谐共生的美好愿景。

3.2.7 标题生成

标题生成功能可以根据给定的文本，自动从文本中提取关键信息，生成简洁、醒目、具有吸引力的标题。

Q 如果你是一名编辑，写一个重阳节全民开启登山活动的新闻报道的标题，要求主题明确、结构合理、节奏鲜明、风格独特。

A “重阳登高，全民齐聚山巅——共迎九九佳节，尽享秋日美景”

Q 请以承诺性口吻写几个祛痘洗面奶的视频推广标题，需要提到目标人群的痛点。

A 当然，以下是为祛痘洗面奶准备的视频推广标题，特别强调了目标人群的痛点。

💥告别痘痘烦恼，专为油性肌肤定制的祛痘洗面奶来啦！🧴

解释：直接点出油性肌肤的痛点，并突出产品的专属性。

🔥痘痘不再来！这款洗面奶助你重拾光滑肌肤！💖

解释：用“痘痘不再来”直击痛点，强调产品效果。

😫青春痘、熬夜痘？一瓶洗面奶轻松清洁！✨

解释：提到了青春期和熬夜导致的痘痘问题，强调产品的广泛适用性。

😩痘痘肌的救星！这款洗面奶让你告别痘痕！💦

解释：强调了痘痕问题，突出产品效果。

💧清爽不紧绷，痘痘肌也能享受洗颜乐趣！🛀

解释：强调产品带来的良好的洗颜体验，痘痘肌也能享受。

……

3.2.8 专业影评

专业影评功能可以根据用户提供的电影主题，从电影专业知识角度进行评价和分析，帮助用户了解电影的背景、制作过程、故事情节、演员表演等方面的知识，同时也可以帮助用户更好地欣赏和理解电影。

Q 假如你是电影评论家，请你撰写一篇电影《肖申克的救赎》的影评。你可以从情节、主题和基调、演技和角色、配乐、剪辑与节奏等方面进行评论，强调电影给你的感觉和共鸣点。

A 《肖申克的救赎》：自由与希望的永恒颂歌

情节：

《肖申克的救赎》改编自斯蒂芬·金的小说集《四季奇谭》中的同名故事，讲述了银行家安迪·杜佛兰因被错误地指控杀害妻子和她的情人而被判无期徒刑的故事。他在肖申克监狱度过了20多年的时光，通过坚韧不拔的毅力和非凡的智慧，最终实现了自我救赎与自由。电影的情节紧凑而富有张力，每一个转折都吸引人，让观众在两个多小时的时间里感受到强烈的情感冲击。

主题和基调：

影片的主题围绕自由、希望和友谊展开。导演弗兰克·德拉邦特以细腻的手法刻画了监狱中压抑、残酷的环境，同时又通过安迪和瑞德之间的友谊、安迪不屈的精神和最终成功逃脱，传递出希望与自由的力量。电影的基调沉稳而深沉，时而令人心碎，时而又充满希望，使观众在绝望中看到希望。

演技和角色：

蒂姆·罗宾斯在影片中饰演安迪·杜佛兰，他的表演内敛而富有层次，完美地诠释了一个在绝境中保持信念、不屈不挠的灵魂。摩根·弗里曼饰演的瑞德则以其独特的魅力和深沉的嗓音，为观众呈现了一个内心复杂、渐渐被安迪感染而重燃希望的角色。两位主角的对手戏充满了化学反应，他们的友谊成为影片的一大亮点。

配乐：

托马斯·纽曼的配乐为影片增色不少。音乐不仅与画面完美契合，还能在关键时刻引导观众的情感。特别是在安迪最终逃脱和瑞德寻找他时，配乐营造出一种期待与解脱的氛围，使观众心潮澎湃。

剪辑与节奏：

影片的剪辑干净利落，节奏把握得当。导演通过巧妙的剪辑手法，让观众在两个多小时的时间里紧跟情节发展，影片丝毫没有拖沓之感。影片在展现安迪20多年监狱生活的同时，也通过瑞德的旁白，给观众提供了更多的背景信息和内心独白，使故事更加饱满。

总体评价：

《肖申克的救赎》是一部充满力量与希望的电影。它不仅在情节和主题上深深打动观众，还通过精湛的演技、优美的配乐和巧妙的剪辑，呈现出一个完整而感人的故事。影片不仅是一部关于逃脱的电影，更是一部关于人类精神的颂歌。它提醒我们，在最黑暗的时刻也要充满希望，因为希望会帮助我们找到通往自由的道路。

3.3 AI设计：AI赋能设计，重塑未来创意

AI设计是指利用AI技术开展设计工作。AI设计可以应用于多个领域，包括图形设计、产品设计、用户体验设计等。AI设计的目标是通过自动化和智能化技术，提高设计效率、质量和创新性。

3.3.1 珠宝设计

在珠宝设计中，造型设计是非常重要的一个环节，因为这个环节决定了珠宝的整体外观和感觉，以及它与人体的协调性和它的舒适度。

传统的珠宝设计通常需要花费大量的时间和精力来手绘草图及制作和渲染3D模型，但使用AI软件可以快速成批量地生成珠宝设计造型创意。这里使用的AI软件是Midjourney，下面是具体操作步骤。

01 启动Midjourney，进入自己的频道，在输入框中输入“/”，如图3-26所示，选择“/imagine”选项。

图 3-26

02 在输入框内输入提示词“Elegant diamond necklace, studio lighting, close-up, sparkling, timeless design, --s 550”（优雅的钻石项链，工作室照明，特写，闪闪发光，永恒的设计，--s 550），如图3-27所示，按【Enter】键确认。稍等片刻即可得到4张精美的珠宝图片，如图3-28所示。

图 3-27

03 图片下方的“U1”“U2”“U3”“U4”按钮用于将对应的图片放大，以便单独查看某张图片（对应顺序为从左到右，从上到下）。“V1”“V2”“V3”“V4”按钮用于从已生成的图片中选择某张进行变化。例如，需要查看第3张图片，我们可以单击“U3”按钮，图片即可放大，如图3-29所示。当对本次生成的图片不满意时，可以单击“刷新”按钮，让Midjourney重新生成一组图片。

图3-28

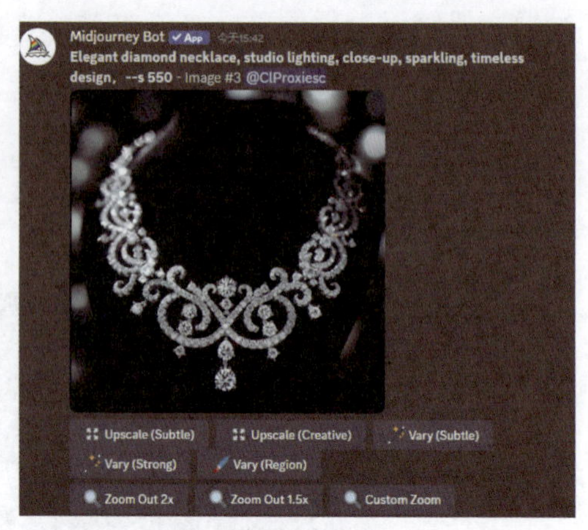

图3-29

04 在相应的图片上单击鼠标右键，在弹出的菜单中选择“另存为图片”选项，即可将图片保存，如图3-30所示。

图3-30

3.3.2 手机壳设计

手机壳是一个典型的小产品、大市场的品类。无论是生产通用的手机壳，还是个性化、定制化的手机壳，均可以获得不错的收益。

要使用AI设计手机壳，可以在撰写提示词时明确具体的手机型号，如为iPhone 15 Pro设计手机壳，可以在提示词中输入iPhone 15 Pro phone case design。在撰写提示语时可以使用关键词定义手机壳的材质，如塑料（Plastic）、硅胶（Slilicone）、热塑性聚氨酯（Thermoplastic Polyurethane，TPU）、皮革（Leather）等。下面是具体示例。

01 启动Midjourney，进入自己的频道，在输入框中输入“/”，如图3-31所示，选择“/imagine”选项。

图3-31

02 在输入框内输入提示词“iPhone 15 Pro phone case design,white background,contour line of a girl standing on water ripple,long hair,dressed in traditional Hanfu,lotus flowers floating around --ar 2:3 --s 800 --v 5”（iPhone 15 Pro手机壳设计，白色背景，站在水面上的女孩的轮廓线，长发，身着传统汉服，莲花漂在周围--ar 2：3 --s 800 --v 5），如图3-32所示，按【Enter】键确认。稍等片刻即可得到4张精美的手机壳图片，如图3-33所示。

图3-32

图3-33

03 在相应的图片上单击鼠标右键，在弹出的菜单中选择“另存为图片”选项，即可将图片保存，如图3-34所示。

图 3-34

3.3.3 产品包装设计

产品包装不仅仅是保护和宣传产品的工具，更是品牌与消费者沟通的重要媒介。好的产品包装设计可以增强产品的市场竞争力，提升品牌形象，最终促进销售。使用Midjourney设计产品包装时，不仅可以重复使用同一组提示词，以生成不同效果的产品包装设计，也可以从一个方案开始，通过remix命令对产品包装设计进行微调，得到多个可供参考的方案。下面是具体操作步骤。

01 启动Midjourney，进入自己的频道，在输入框中输入“/”，如图3-35所示，选择“/imagine”选项。

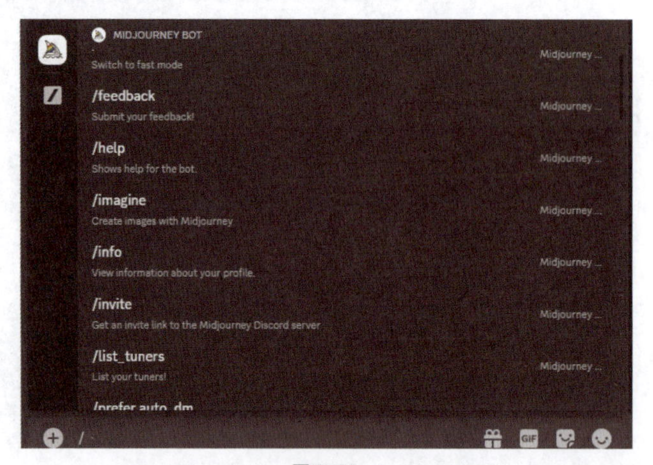

图 3-35

02 在输入框内输入提示词“Bottled juice packaging design,colorful brand,modern.white background,product image --v 5.1 --s 500”（瓶装果汁包装设计，色彩缤纷的品牌，现代白色背景，产品图片--v 5.1--s 500），如图3-36所示，按【Enter】键确认。

图3-36

03 在输入框内输入“/prefer remix”，执行相应命令，Midjourney将会弹出提示，提示创作者进入可衍变状态，如图3-37所示。

04 单击上述生成图片下方的“V4”按钮，将弹出提示词修改框，在此框中修改提示词后，即可使Midjourney在衍变时更精确，得到的效果也更可控，如图3-38所示。

图3-37

图3-38

05 这里添加的提示词是“abstract style”，单击“提交”按钮，即可自动生成相应的图片，如图3-39所示。

图3-39

3.3.4 卡通头像设计

社交软件头像是用户在社交网络平台上的形象代表，也是给他人的第一印象。一个独特、有吸引力的头像可以吸引他人的注意，促成社交关系的建立。用户可使用Midjourney为自己设计出独一无二的卡通头像，这种卡通头像在社交软件中非常流行。下面是具体操作步骤。

01 启动Midjourney，进入自己的频道，单击“上传图片”按钮，选择“上传文件”选项，如图3-40所示，上传一张自己的大头照，如图3-41所示，按【Enter】键确认。

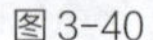
图3-40

图3-41

02 上传完成后，该图片素材会显示在工作窗口，如图3-42所示。在图片上单击鼠标右键，在弹出的菜单中选择“复制消息链接”选项，如图3-43所示，然后单击其他空白区域，退出观看图片状态。

图3-42

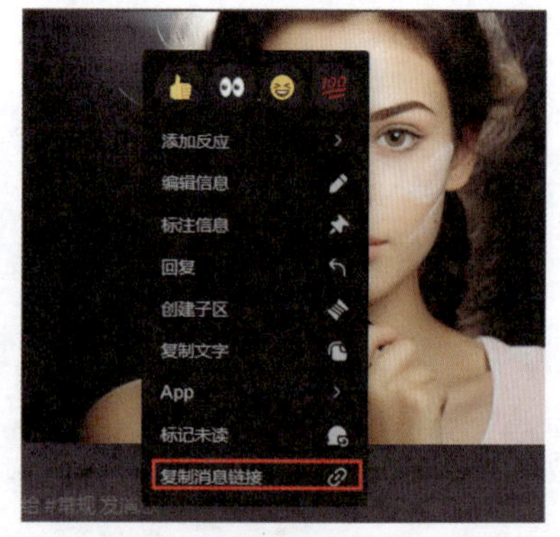

图3-43

03 在输入框内输入“/”，选择“/imagine”选项，如图3-44所示。按【Ctrl+V】快捷键将复制的消息链接粘贴至输入框，按【Space】键，输入对图片效果、风格等方面的描述，并添加参数，如图3-45所示。

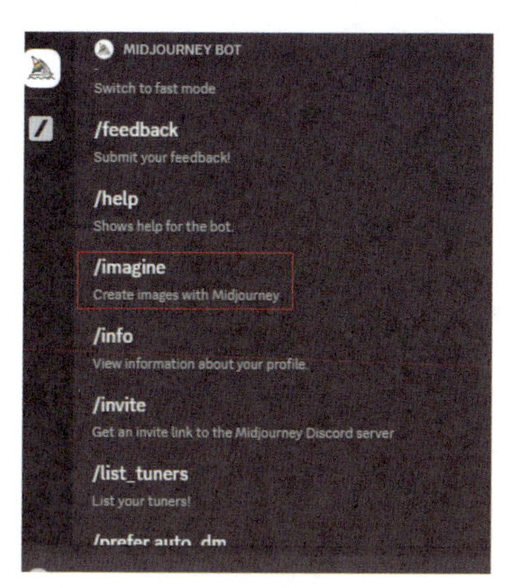

图3-44

图3-45

04 按【Enter】键确认，即可得到专属的卡通头像了，如图3-46所示。

图3-46

3.3.5 徽标设计

徽标一般是指团队或个人的标志，更多地强调了一种印章式的形式感，是一种简化的标志。在使用Midjourney时可以添加关键词Badges design，以设计出漂亮的徽标，在提示词中还需加入对主题、材质、造型、颜色等的描述。图3-47至图3-50所示是使用Midjourney制作的徽标示例。

图3-47

badges design,luxury,crown shape,polygon shape, Overwatch style,sci-fi style,golden and red（徽章设计，豪华，皇冠形状，多边形，守望先锋风格，科幻风格，金色和红色）

图3-48

badges design,mothman silhouette in shades of blue and white,set against a circular background with a blue and gold border（徽章设计，蓝白渐变的蛾人剪影，置于带有蓝色和金色边框的圆形背景上）

图3-49

badges design,eagle,vector,fashion,in 2300s（24世纪的徽章设计，鹰，矢量，时尚）

图3-50

badges design,motorcycle club,speed,side view,illustration,vector,hope,happy（徽章设计，摩托车俱乐部，速度，侧视图，插图，矢量，希望，快乐）

3.3.6 电影海报设计

电影海报是影片上映前推出的一种招贴，主要用于介绍和推广电影。使用AI设计和制作电影海报时，需要注意使用电影海报设计（movie poster design）这一关键词。

比较简单的方法是在提示词中输入电影名称，然后由AI自动生成电影海报，这种方法适用于电影名称体现了电影主题的情况。图3-51至图3-54所示是使用Midjourney制作的电影海报。

图3-51

"Godzilla vs. Gundam",movie poster design，epic--ar 2:3（《哥斯拉大战机动战士》，电影海报设计，史诗级的--ar 2:3）

图3-52

"unlimited galaxy war"，movie poster design,epic,sci-fi scence --ar 2:3（《无限星系战争》，电影海报设计，史诗级的，科幻场景 --ar 2:3）

图3-53

movie poster design, protagonist takes on a battle posture in front of an explosive background, looking resolute（电影海报设计，主角在爆炸性背景前摆出战斗姿势，神情坚定）

图3-54

movie poster design, the ancient castle stands on the edge of the cliff, magic light shines in the sky（电影海报设计，古老的城堡矗立在悬崖边，魔法光芒在天空中闪耀）

3.3.7 边框设计

边框是平面设计中的重要元素，使用Midjourney可以设计出复杂多变的边框。在设计时需要加入关键词“Border design”或“Border frame design”。这两个关键词是有区别的，“Border design”描述的是一种装饰性的纹样，通常位于文本、图像的周围，如图3-55所示。

图3-55

delicate detailed primrose and forget-me-not flowers Border design,copy space,pastel blue and yellow colour theme,Victorian style --ar 8:5（精致细致的报春花和勿忘我花朵边框设计，留白空间，柔和的蓝色和黄色调，维多利亚风格--ar 8:5）

而“Border frame design”指的是边框框架设计，如图3-56所示。

图 3-56

traditional complex Chinese Border frame design,vector,pattern,muted tone --ar 1:2（传统复杂的中式边框框架设计，矢量图，图案，柔和色调 --ar 1:2）

3.3.8 特效文字设计

特效文字设计是指为了让文字更加生动、突出、有趣而采用各种设计手法进行的处理。这些设计手法包括使用不同的字体、大小、颜色、阴影、描边、渐变、扭曲、变形等，从而使文字在视觉上更有吸引力和表现力。图3-57至图3-60所示是使用Midjourney制作特效文字的示例。

图 3-57

the letter L,white background,futuristic hacker style --style raw（字母L，白色背景，未来感黑客风格 -- 原始风格）

图 3-58

the letter K,steampunk style,4k,no shadow,white background --style raw（字母K，蒸汽朋克风格，4k，无阴影，白色背景 -- 原始风格）

图 3-59

roman warrior,the letter S,esport,white background --style raw（罗马战士，字母S，电子竞技，白色背景 -- 原始风格）

图 3-60

the letter X made of crazy fire and ice,white background --style raw（字母X由夸张的火和冰组成，白色背景 -- 原始风格）

第4章

娱乐与创意：AI点亮彩色新生活

在当今快节奏的生活中，娱乐和创意已成为人们释放压力、表达自我的重要途径。随着AI技术的迅猛发展，AI正逐渐渗透到我们生活的方方面面，为娱乐和创意领域注入了前所未有的活力。无论是智能绘画还是智能修图，AI都以其强大的计算能力和无穷的创造力点亮我们的彩色新生活。

4.1 AI绘画：零基础也能创作大师级作品

在过去，绘画一直被视为需要天赋和长期学习的艺术形式。然而，随着AI技术的迅猛发展，绘画的门槛正在迅速降低。现在，即使是零基础的初学者，也能通过AI绘画工具创作出令人惊叹的大师级作品。

4.1.1 绘制艺术画

艺术画是指以各种视觉艺术形式表现出来的具有审美价值的艺术作品。绘画者在创作时运用色彩和绘画技法来表达个人情感、思想和审美理念。

艺术画种类繁多，包括肖像画、风景画、抽象画等。每种类型都有其风格和特点，反映了绘画者对世界的感受和理解。下面以肖像画为例，介绍用AI绘制肖像画的操作方法。

01 在ChatGPT中输入提示词“请用100个字描述西施的相貌特征”，其回答如下所示。

西施，古代美女，相貌绝世，面容姣好，肌肤如玉，眉目如画。她拥有清澈的双眸，明亮动人，朱唇微启，笑靥如花。她步履轻盈，姿态优雅，仪态万方，举手投足间尽显柔美。她的美貌可用“沉鱼”来形容，传说鱼儿见了她的美貌都会沉入水底，以避其光辉。西施不仅以外貌动人，更以温柔婉约的气质令人倾慕。

02 从ChatGPT的回答中截取一部分（西施，古代美女，相貌绝世，面容姣好，肌肤如玉，眉目如画。她拥有清澈的双眸，明亮动人，朱唇微启，笑靥如花。她步履轻盈，姿态优雅，仪态万方，举手投足间尽显柔美），并通过百度翻译或其他翻译软件将其转换为英文，如图4-1所示。

西施，古代美女，相貌绝世，面容姣好，肌肤如玉，眉目如画。她拥有清澈的双眸，明亮动人，朱唇微启，笑靥如花。她步履轻盈，姿态优雅，仪态万方，举手投足间尽显柔美。

Xishi, an ancient beauty, had an unparalleled appearance, a beautiful face, jade like skin, and picturesque features. She has clear eyes, bright and charming, slightly parted lips, and a smile like a flower. Her posture is elegant, her steps are light, her demeanor is diverse, and her every move and gesture is full of softness.

图 4-1

03 在Midjourney中通过/imagine指令输入相应的提示词，并在其后添加一些关于艺术风格和画面尺寸的关键词，如“Art Painting. --aspect 9:16”，如图4-2所示。

图 4-2

04 按【Enter】键确认，生成相应的图片，如图4-3所示。

图 4-3

4.1.2 绘制超现实主义作品

超现实主义（Surrealism）是一种20世纪初起源于欧洲的艺术风格，旨在通过描绘超现实的场景和形象来打破传统意义上对现实的描绘。这种艺术风格不仅在绘画中运用了变形、拼贴等技法，还借鉴了梦境、幻觉等精神领域的元素。

超现实主义绘画作品具有超强的想象力、离奇的氛围和独特的审美价值，充分地表达了艺术家的创造力和个性。下面介绍用AI绘制超现实主义绘画作品的方法。

01 在ChatGPT中输入提示词“请列出5个超现实主义的绘画题材”，ChatGPT的回答如下所示。

超现实主义绘画的题材非常广泛，通常涉及梦境、潜意识和幻想等方面。以下是5个常见的超现实主义绘画题材。

1.梦境与幻想:超现实主义画家常常描绘各种奇异、荒诞的梦境和幻想场景。这些画面超越了现实的界限，表现出潜意识中的意象和象征。

2.扭曲和变形:物体、人物和自然景象被扭曲、变形，展现出不符合现实逻辑的形态。这种题材常用于表达心理的复杂性和内心的冲突。

3.奇异的组合:将不相关的物体、场景或人物组合在一起，创造出奇特、不合逻辑的画面。这种题材强调超现实主义的荒诞感和意象的自由联想。

4.荒芜与孤独：描绘荒凉、寂寥的景象，常常象征着内心的孤独和无助。这些画面通常充满了象征性，表现出对存在和自我认知的深刻思考。

5.超自然现象：描绘超自然的场景，如天空中飘浮的物体、超现实的光影效果和非现实的空间。这种题材旨在探索潜意识的深度和人类想象力的无限可能性。

这些题材通过超现实主义独特的表现手法，使观众深入思考现实与幻想、意识与潜意识之间的关系，激发无限的想象和联想。

02 在ChatGPT中输入提示词“以‘超自然现象’为主题，用关键词的形式描述一个50字左右的画面场景”，ChatGPT的回答如图4-4所示。

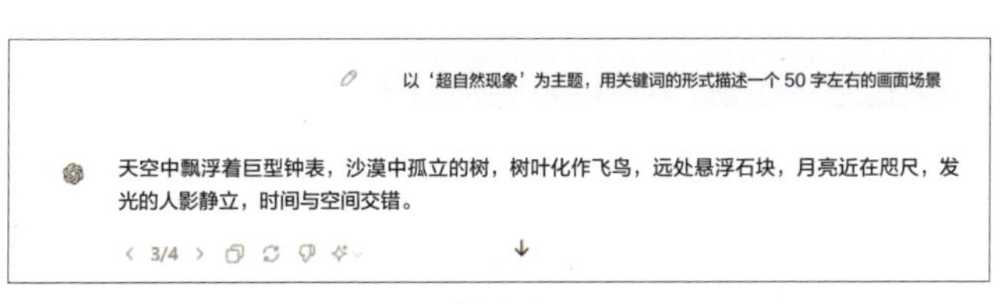

图4-4

03 将ChatGPT的回答通过翻译软件转换为英文，如图4-5 所示。

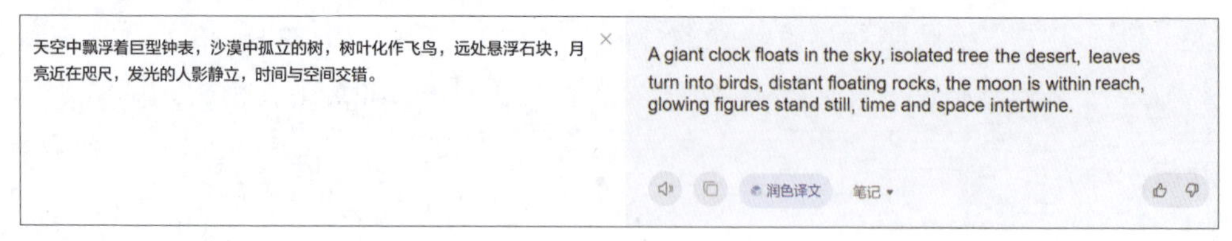
天空中飘浮着巨型钟表，沙漠中孤立的树，树叶化作飞鸟，远处悬浮石块，月亮近在咫尺，发光的人影静立，时间与空间交错。

A giant clock floats in the sky, isolated tree the desert, leaves turn into birds, distant floating rocks, the moon is within reach, glowing figures stand still, time and space intertwine.

图4-5

04 在Midjourney中通过/imagine指令输入相应的提示词，并在其后添加一些关于画面参数、艺术风格和画面尺寸等的关键词，如“surrealist painting style,CGI,ultra detail,realistic,masterpiece,ultral wide angle, --ar 4:3”，如图4-6所示。

图4-6

05 按【Enter】键确认，即可生成相应的超现实主义绘画作品，如图4-7所示。

图4-7

4.1.3 绘制概念插画

概念插画，又称概念艺术，是创意产业中的一种重要形式，用于展示和呈现设计概念，在影视、游戏和动漫领域广泛应用。这种插画形式要求插画师不仅具备高超的绘画技巧，还拥有丰富的创意，以此来创造出具有独特艺术性的作品。下面是使用AI绘制概念插画的操作方法。

01 在ChatGPT中输入提示词“用关键词的形式描述《巫师3：狂猎》中的主角杰洛特的相貌和身体特征”，ChatGPT的回答如图4-8所示。

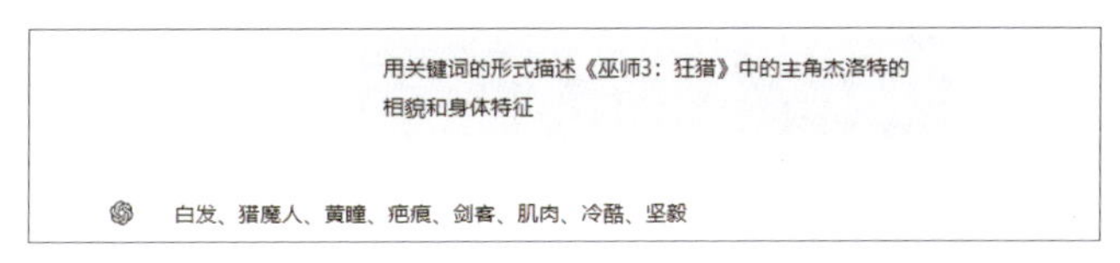

图4-8

02 将ChatGPT的回答通过翻译软件转换为英文，如图4-9所示。

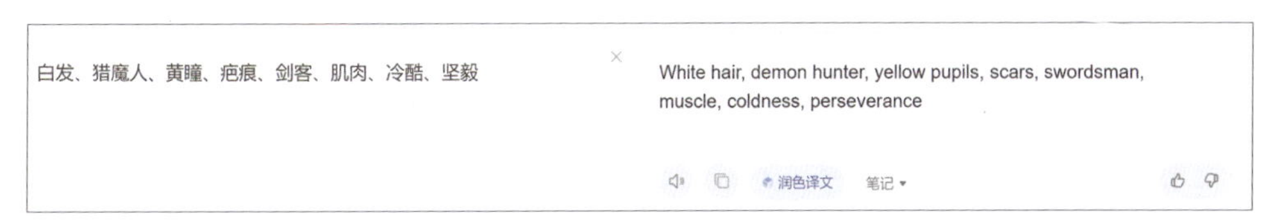

图4-9

03 在Midjourney中通过/imagine指令输入相应的提示词，并在其后添加一些关于画面参数、艺术风格和画面尺寸等的关键词，如“Concept Art,8k hd wallpaper,low light at night --ar 9:16”，如图4-10所示。

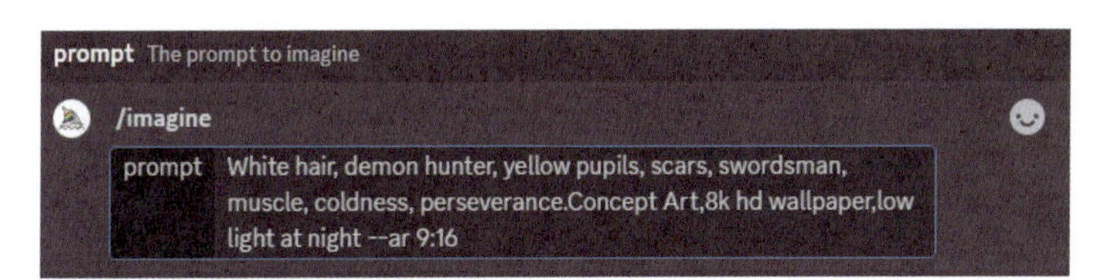

图4-10

04 按【Enter】键确认，即可生成概念插画作品，如图4-11所示。

图4-11

4.1.4 绘制中国风绘画作品

中国风绘画作品是一种具有中国传统文化特色的艺术形式，包括山水、花鸟、人物等多种题材，常用传统的水墨画技法进行表现。中国风绘画作品不仅具有很高的艺术价值，还具有深厚的文化底蕴和悠久的历史。下面是使用AI绘制中国风绘画作品的操作方法。

01 在ChatGPT中输入提示词“请列出5个中国风绘画的题材”，ChatGPT的回答如图4-12所示。

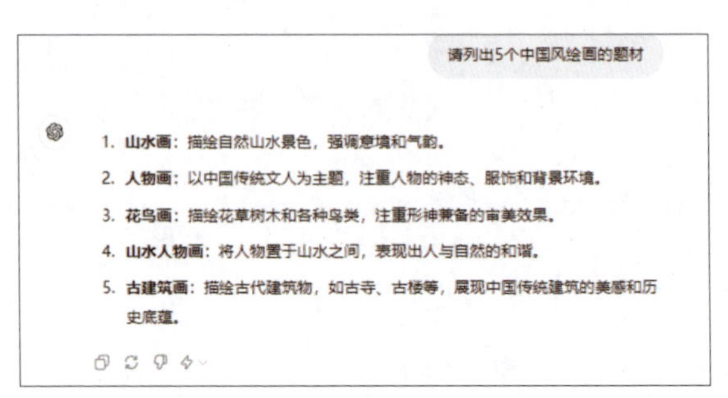

图4-12

02 在ChatGPT中输入提示词“以‘山水中国风绘画’为主题，用关键词的形式描述一个30字左右的画面场景”，ChatGPT的回答如图4-13所示。

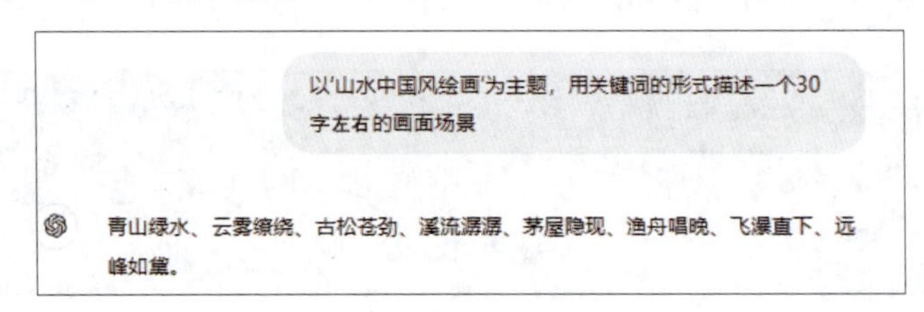

图4-13

03 将ChatGPT的回答通过翻译软件转换为英文，如图4-14所示。

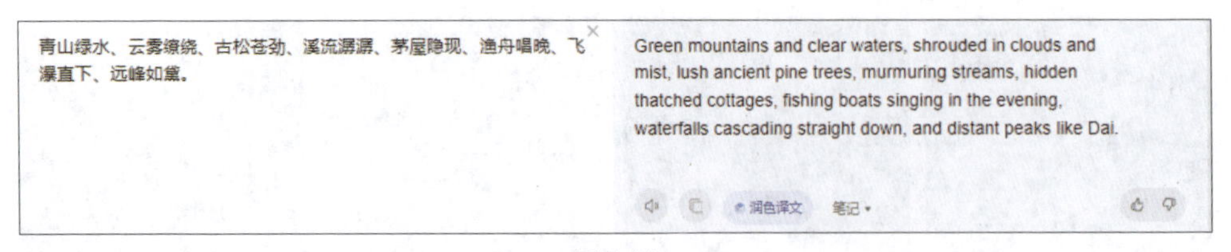

图4-14

04 在Midjourney中通过/imagine指令输入相应的提示词，并在其后添加一些关于艺术风格、画面参数和画面尺寸的提示词，如“Chinese style Painting,4k,ultra wide angle,HD --ar 4:3”，如图4-15所示。

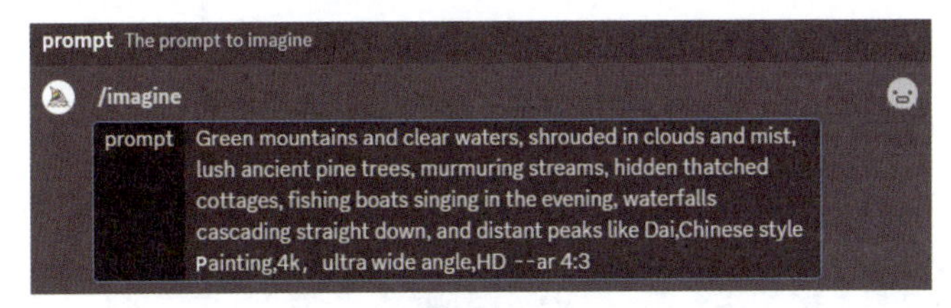

图 4-15

05　按【Enter】键确认，生成相应的中国风绘画作品，如图4-16所示。

图 4-16

4.1.5 绘制相似风格作品

使用Midjourney可以轻松实现仿图式创作。在这个过程中，可以将参考图输入Midjourney，然后使用算法得到提示词，再根据提示词生成新的作品。下面是具体操作方法。

01　在Midjourney中通过/describe指令，上传相应的参考图，如图4-17所示。

02　按【Enter】键确认，让Midjourney对参考图进行分析，即可得到Midjourney生成的4段提示词，如图4-18所示。

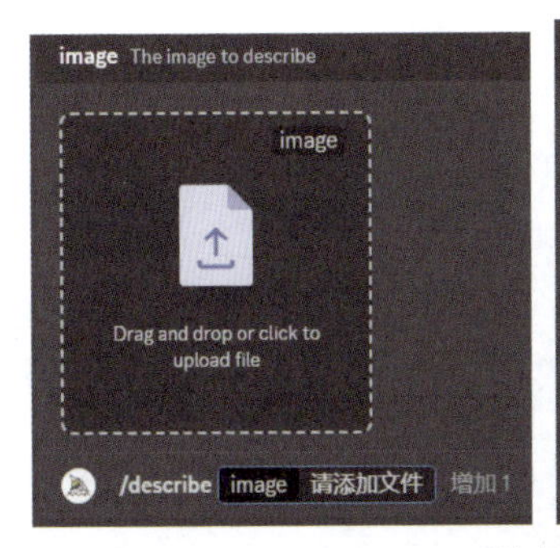

图 4-17

图 4-18

03 复制某段提示词或单击下面“1”“2”“3”“4”按钮中的一个，以该图片为模板生成新的图片。例如，复制第一段提示词后使用/imagine指令进行粘贴，如图4-19所示。

图4-19

04 按【Enter】键确认，即可生成4张新的图片，如图4-20所示。

图4-20

4.1.6 绘制混合图片

在Midjourney中可以通过/blend指令快速上传2～5张图片，然后查看每张图片的特征，并将它们混合成一张新的图片，下面介绍具体的操作方法。

01 在Midjourney输入框中输入“/blend”，按【Enter】执行指令，即可出现两个图片框，单击左侧的上传按钮，如图4-21所示。

02 执行操作后，即可打开“打开”对话框，选择相应的图片并单击“打开”按钮，如图4-22所示。

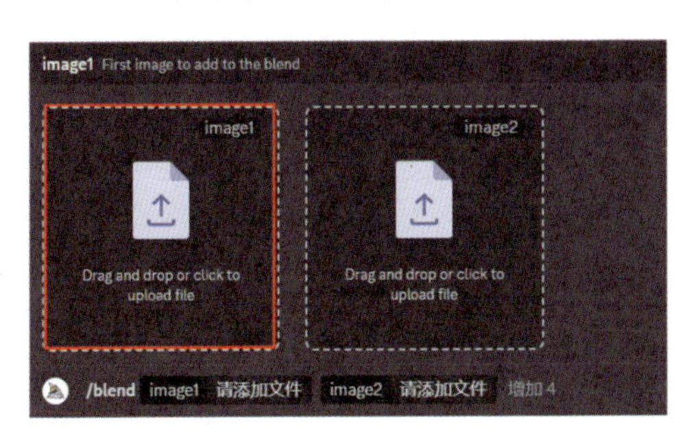

图 4-21

图 4-22

03 以同样的操作方法再次添加一张图片，如图4-23所示。

04 连续按两次【Enter】键，Midjourney会自动完成图片的混合操作，并生成4张新的图片，这是没有添加任何提示词的效果，如图4-24所示。

图 4-23

图 4-24

05 单击“U1”按钮，查看第一张图片的效果，如图4-25所示。

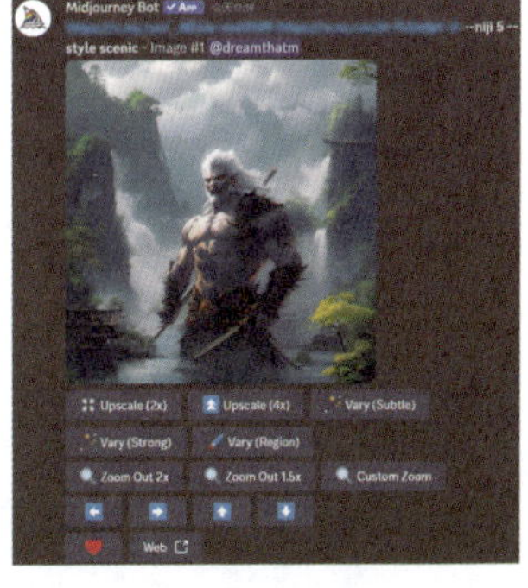

图 4-25

4.2 AI修图：模糊旧照秒变高清美照

使用AI绘图工具生成的图片或多或少会存在一些瑕疵，此时我们就可以使用AI修图工具进行修图，本节以Photoshop为例，对图片进行后期处理，包括修图、调色等操作，从而使AI绘画作品变得更加完美。

4.2.1 智能识别填充

利用Photoshop的“内容识别填充”命令可以将复杂背景中不需要的图像清除干净，具体操作如下。

01 执行“文件”|“打开”命令，打开一张照片素材，如图4-26所示。

02 选取工具箱中的“套索工具”，在需要清除的图像周围创建一个选区，如图4-27所示。

图4-26

图4-27

03 执行“编辑”|“内容识别填充”命令，显示修复图像的取样范围（绿色部分），如图4-28所示。

04 适当涂抹图像，将不需要取样的部分去掉，如图4-29所示。

图4-28

图4-29

05 在“预览”面板中可以查看修复效果，不需要进一步调整后单击“内容识别填充”面板底部的“确定”按钮，如图4-30所示。执行操作后，即可完美去除图像中不需要的部分，如图4-31所示。

图 4-30

图 4-31

4.2.2 智能肖像处理

借助“Neural Filters”滤镜的“智能肖像”功能，用户可以轻松实现对肖像的处理，具体操作如下。

01 执行“文件”|“打开”命令，打开一张照片素材，如图4-32所示。

02 在菜单栏中执行“滤镜”|“Neural Filters”命令，如图4-33所示。

图 4-32

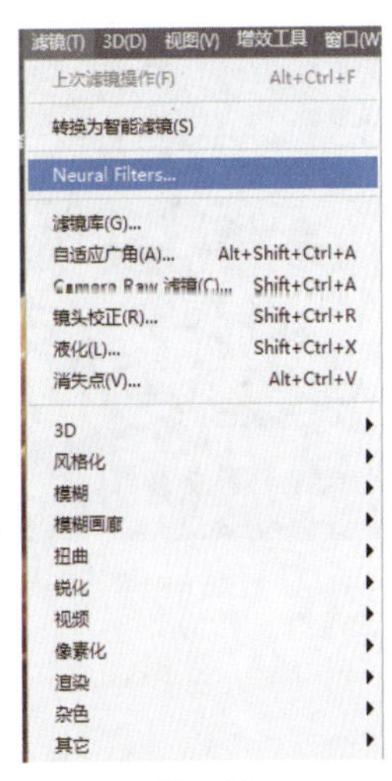

图 4-33

03 执行完操作后，系统会自动识别并框选人物的脸部，如图4-34所示。展开“Neural Filters”面板，在左侧的功能列表中开启“智能肖像”功能，如图4-35所示。

图 4-34

图 4-35

04 单击展开“特色”选项区，设置“幸福”为“+30”，“眼睛方向”为“+50”，如图4-36所示。

05 单击“确定”按钮，即可完成对肖像的处理，如图4-37所示。

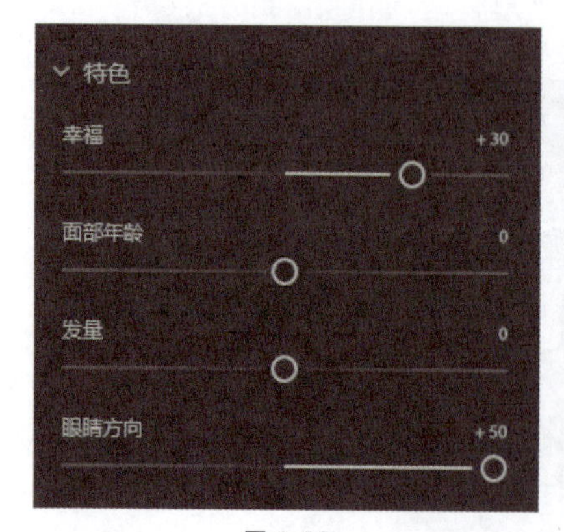

图 4-36

图 4-37

4.2.3 自动替换天空

借助“Neural Filters”滤镜的“风景合成器”功能，可以自动选择并替换照片中的天空，并自动将天空调整为与前景元素匹配的色调，具体操作如下。

01 执行“文件”|“打开”命令，打开一张照片素材，如图4-38所示。

02 执行“滤镜”|“Neural Filters”命令，展开“Neural Filters”面板，在左侧的功能列表中开启“风景混合器”功能，如图4-39所示。

图 4-38

图 4-39

03 在右侧的“预设”选项中，选择相应的预设效果，并滑动“夜晚”滑块至“60”，如图4-40所示。

04 单击下方的“确定”按钮，即可完成天空的替换处理，如图4-41所示。

图 4-40

图 4-41

4.2.4 图像样式转换

借助“Neural Filters”滤镜的“样式转换”功能，可以将选定的艺术风格应用于图像，从而激发新的创意，并为图像赋予新的外观，具体操作如下。

01 执行“文件”|“打开”命令，打开一张照片素材，如图4-42所示。

02 执行“滤镜”|“Neural Filters”命令，展开“Neural Filters”面板，在左侧的功能列表中开启“样式转换”功能，如图4-43所示。

图 4-42

图 4-43

03 在右侧的“预设”选项中，选择相应的艺术家风格，并滑动相应滑块以调节“强度”“样式不透明度”和“细节”，如图4-44所示。

04 单击下方的“确定”按钮，即可应用特定的艺术家风格，如图4-45所示。

图 4-44

图 4-45

4.2.5 妆容迁移

借助“Neural Filters”滤镜的“妆容迁移”功能，可以将眼部和嘴部的妆容风格从一幅图像迁移到另一幅图像上，具体操作如下。

01 执行“文件”|“打开”命令，打开一张照片素材，如图4-46所示。

02 执行“滤镜”|“Neural Filters”命令，展开“Neural Filters”面板，在左侧的功能列表中开启“妆容迁移”功能，如图4-47所示。

图 4-46

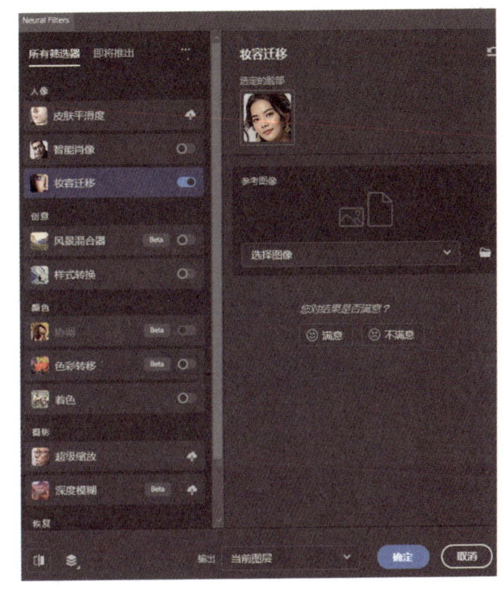

图 4-47

03 在右侧的“参考图像”选项区中，单击“打开文件”按钮，如图4-48所示。

04 在打开的“打开”对话框中，选择相应的图像素材，如图4-49所示。

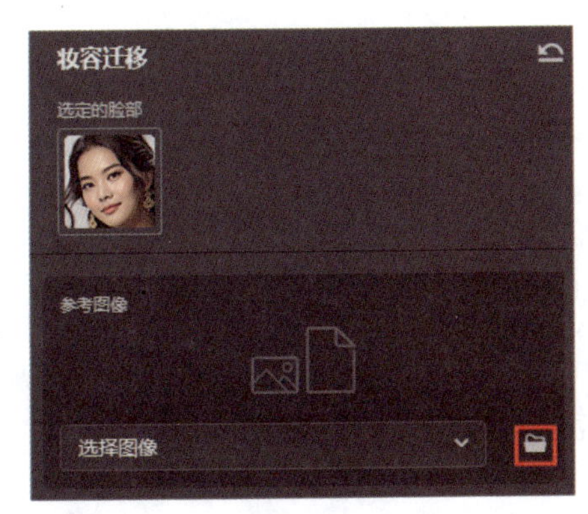

图 4-48

图 4-49

05 单击“使用此图像”按钮，即可上传参考图像，如图4-50所示。

06 单击“确定”按钮，即可改变人物的妆容，如图4-51所示。

图4-50

图4-51

4.2.6 黑白照片上色

借助“Neural Filters”滤镜的“着色”功能，可以自动为黑白照片上色，具体操作如下。

01 执行“文件”|“打开”命令，打开一张照片素材，如图4-52所示。

图4-52

02 执行“滤镜”|“Neural Filters”命令，展开“Neural Filters”面板，在左侧的功能列表中开启“着色”功能，如图4-53所示。

03 在右侧展开的“调整”选项区中，设置“配置文件”为“复古高对比度”，并调节下方的“轮廓强度”“饱和度”“青色/红色”等滑块，如图4-54所示。

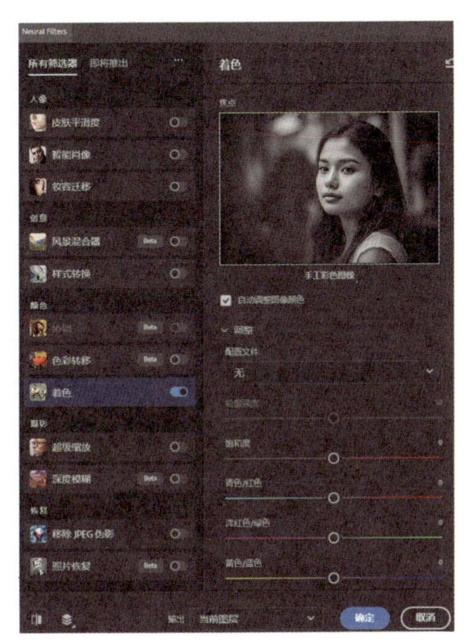

图4-53

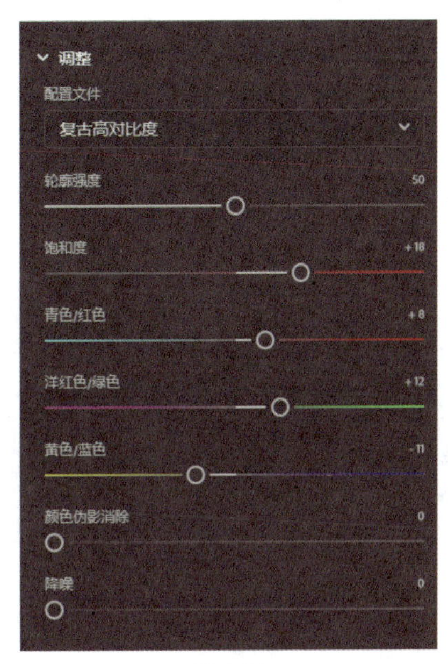

图4-54

04 单击“确定”按钮，即可自动为黑白照片上色，如图4-55所示。

图4-55

4.2.7 人脸智能磨皮

借助“Neural Filters”滤镜的“皮肤平滑度”功能，可以自动识别人物面部，并进行磨皮处理，具体操作方法如下。

01 执行“文件”|“打开”命令，打开一张照片素材，如图4-56所示。

02 执行“滤镜”|“Neural Filters”命令，展开“Neural Filters”面板，在左侧的功能列表中开启“皮肤平滑度”功能，如图4-57所示。

图4-56

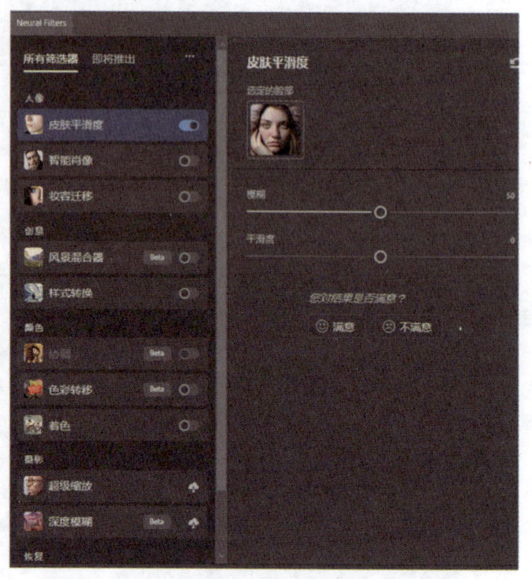

图4-57

03 在“Neural Filters”面板的右侧设置“模糊”为“100”，“平滑度”为“+50”，如图4-58所示。

04 单击“确认”按钮，即可完成人脸的磨皮处理，如图4-59所示。

图4-58

图4-59

4.2.8 老照片智能修复

利用“Neural Filters”滤镜的“照片恢复”功能，可以一键修复老照片，提高老照片的对比度、增强细节、消除划痕等。

01 执行“文件”|“打开”命令，打开一张照片素材，如图4-60所示。

02 执行“滤镜”|“Neural Filters”命令，展开“Neural Filters”面板，在左侧的功能列表中开启“照片恢复”功能，如图4-61所示。

图4-60

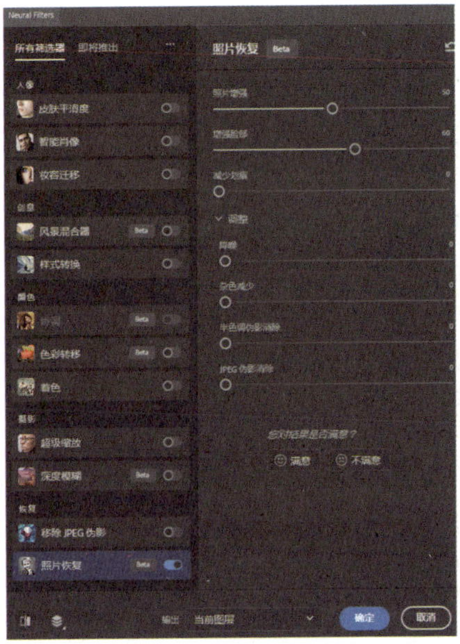

图4-61

03 在“Neural Filters”面板的右侧设置“照片增强”为“80”，“增强脸部”为“90”，“减少划痕”为“100”，如图4-62所示。

04 单击“确认”按钮，即可完成老照片的修复，如图4-63所示。

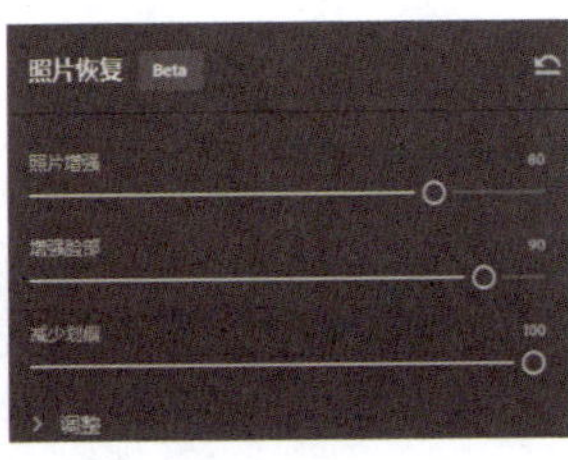

图4-62

图4-63

4.2.9 深度模糊

利用“Neural Filters”滤镜的“深度模糊”功能，可以快速模糊背景，使主体更加突出，增强画面的层次感，具体操作如下。

01 执行“文件”|“打开”命令，打开一张照片素材，如图4-64所示。

02 执行“滤镜”|“Neural Filters”命令，展开“Neural Filters”面板，在左侧的功能列表中开启“深度模糊”功能，如图4-65所示。

图4-64

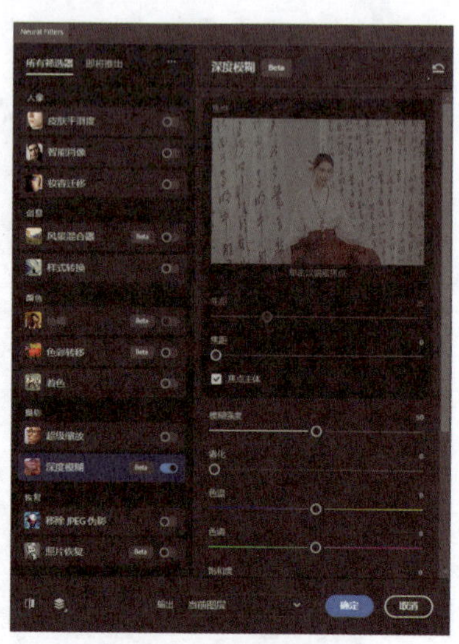

图4-65

03 在“Neural Filters”面板的右侧勾选“焦点主体”复选框，设置“焦距”为“33”，“模糊强度”为“100”，如图4-66所示。

04 单击“确认”按钮，即可完成深度模糊，可以看到背景被虚化，人物主体更突出了，如图4-67所示。

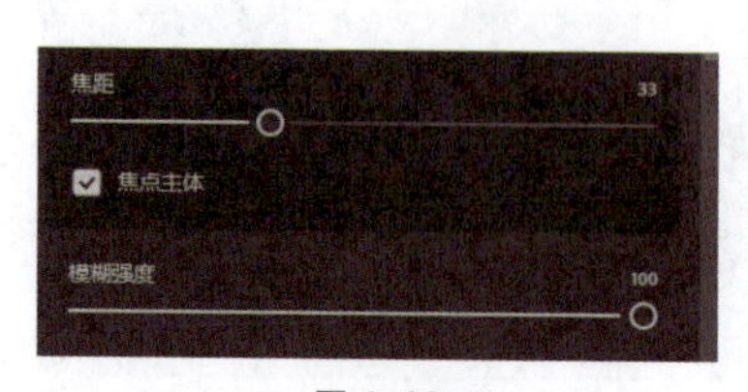

图4-66

图4-67

4.2.10 移除JPEG伪影

JPEG伪影是一种图像处理问题，通常出现在JPEG图像的压缩过程中。当JPEG图像被多次重新压缩时，由于算法的局限性，图像质量会下降，图像会出现模糊、块状、色带等问题，这就是JPEG伪影。利用“Neural Filters”滤镜的“移除JPEG伪影”功能，可以有效地减缓JPEG伪影对照片产生的不良影响，具体操作如下。

01 执行“文件”|“打开”命令，打开一张照片素材，如图4-68所示。

02 执行“滤镜”|“Neural Filters”命令，展开“Neural Filters”面板，在左侧的功能列表中开启“移除JPEG伪影”功能，如图4-69所示。

图4-68

图4-69

03 在“Neural Filters”面板的右侧将“强度”设置为“高”，如图4-70所示。

04 单击“确认”按钮，即可完成移除JPEG伪影的操作，如图4-71所示。

图4-70

图4-71

第5章

教育与创新：书写教学新篇章

随着科技的飞速发展，教育和AI深度融合的时代已经到来，以ChatGPT为代表的AI技术为教育行业带来了翻天覆地的变革。

5.1 教育教学：个性化学习与教学辅导

AI通过精准的数据分析，能够根据每个学生的独特需求和学习节奏，为他们量身定制学习方案。借助AI，教师可以根据学生的需求，更加个性化、智能化的安排教学。本节将主要讲解AI在实际教育教学中的应用。

5.1.1 课程设计

课程设计是教师工作的重要内容之一，它直接关系到教师的教学质量和学生的学习体验。在这方面，AI可以为教师的课程设计提供创意和思路，使教师能够设计出更具创新性和吸引力的课程；AI还可以协助搜寻并整理相关文献资料，提供课程素材，包括教学大纲、课程规划和阅读资料等。下面是使用AI进行课程设计的具体示例。

Q 请为软件工程学院大二学生设计一套关于“面向对象编程”的课程。

A 为软件工程学院大二学生设计一套关于“面向对象编程”的课程，以下是课程大纲和详细内容。

课程大纲

1.课程简介

课程名称：面向对象编程。

课程学分：3学分。

课程时长：16周，每周2小时讲课，1小时实践。

2.课程目标

掌握面向对象编程的基本概念和原理。

学会使用面向对象编程的思想进行软件设计和开发。

能够在实际项目中应用面向对象编程技术。

3.课程内容

第1周：课程概述与介绍。

课程介绍：

面向对象编程（Object-Oriented Programming，OOP）的历史与发展。

面向对象编程的优势和应用领域。

基本概念：

对象、类、实例、方法、属性。

第2周：类与对象。

类的定义与实例化。

类的属性和方法。

创建对象实例。

实践：

编写简单的类并创建实例。

……

参考书目：

1.《Java编程思想》，作者：Bruce Eckel。

2.《设计模式：可复用面向对象软件的基础》，作者：Erich Gamma等。

教学方法：

讲授法：通过课堂讲解基本概念和原理。

案例分析：通过实际案例分析讲解面向对象编程的应用。

实践操作：通过编程实践巩固所学知识。

项目开发：通过小组项目开发提升综合应用能力。

评估方式：

平时作业：30%。

课程项目：30%。

期末考试：40%。

这套课程旨在帮助大二学生全面理解和掌握面向对象编程技术，并能够在实际项目中熟练应用。

5.1.2 协助备课

备课是教师的日常工作。AI能够为教师提供特定学科的教案，还能搜索与该学科相关的教学内容、书籍资料等，协助教师备课。下面是使用AI进行协助备课的具体示例。

Q 帮我写一份“存现句”对外汉语教学教案。

A “存现句”对外汉语教学教案

一、教学目标

学生能够识别并理解存现句的基本结构和特点。

学生能够正确使用存现句进行简单的汉语表达。

培养学生的汉语语感，提高日常口语交流能力。

二、教学内容

存现句的定义和特点。

存现句的基本结构。

存现句的常见句式和用法。

三、教学重难点

重点：掌握存现句的基本结构和常见句式。

难点：准确运用存现句进行实际交流。

四、教学步骤

导入（5分钟）

通过展示图片或视频，引导学生观察并描述画面中的物品及其位置，引出存现句的概念。

提问学生："你看到了什么？它们在哪里？"引导学生用汉语回答。

讲解存现句（10分钟）

定义存现句：表示某处存在、出现或消失了某人或某物的句子。

特点：通常有一个表示处所的词语（如"这里""那里""桌子上"等）作为句子的开头，接着是表示存在、出现或消失的动词（如"有""在""没有"等），最后是表示人或物的名词或名词短语。

举例讲解存现句的基本结构，如"桌子上有一本书""教室里没有人"等。

练习存现句（10分钟）

给学生展示一些图片或场景，要求学生用存现句描述图片或场景中的内容。

分组练习，每组选择一张图片，组内成员轮流用存现句描述图片，并相互纠正错误。

拓展存现句（10分钟）

讲解存现句的常见句式和用法，如"到处都是花""门前停着一辆车"等。

通过例句让学生理解不同句式所表达的意思和用法。

引导学生思考并练习使用这些句式进行表达。

情景模拟（10分钟）

设定一些实际情境（如宿舍、图书馆、超市等），让学生模拟在这些情景中使用存现句进行交流。

学生分组进行角色扮演，每组选择一个情景进行模拟对话。

教师巡回指导，及时纠正学生的错误表达。

总结与布置作业（5分钟）

总结本节课学习的存现句的知识点和要点。

布置作业：学生选择自己熟悉的场景，用存现句写一篇短文描述该场景中的物品和人物。

教学反思

课后反思本节课的教学效果和学生的学习情况，针对存在的问题和不足进行改进和调整；同时，关注学生的个体差异和学习需求，提供个性化的指导和帮助。

5.1.3 课堂助教

教师和学生可以把AI当作教学助手，它能为教师和学生提供一个即时互动的平台，快速解答疑问，增加课堂趣味性和丰富性，帮助学生理解复杂的内容和概念等，这不仅可以提高教学效率，也可以提高教学质量。例如，在历史课上讲授戊戌变法时，如果教师想为学生补充关于梁启超的生平简介，就可以询问AI，这样既可以获得答复，也不影响现场教学进程。

Q 请用500字简述梁启超的生平事迹。

A 梁启超，中国近代史上的杰出人物，其生平事迹可以简要概括如下。

一、早年生活与教育背景

梁启超（1873年2月23日—1929年1月19日），字卓如，一字任甫，号任公，又号饮冰室主人、饮冰子、哀时客等，出生于广东省广州府新会县熊子乡茶坑村（今广东省江门市新会区茶坑村）。

早年接受传统教育，4岁学习四书五经，9岁即能写出上千言的八股文章，12岁中秀才，16岁中举人。

1890年，17岁的梁启超拜康有为为师，开始探索挽救祖国危亡的变法维新之术。

二、政治与学术生涯

1895年，与康有为共同发动“公车上书”运动，要求拒和、迁都、变法，揭开了维新运动的序幕。

此后，梁启超先后领导北京和上海的强学会，又与黄遵宪一起办《时务报》，并任长沙时务学堂的主讲，积极宣传变法思想。

戊戌变法失败后，梁启超流亡日本，继续从事政治活动和学术研究。在日期间，他先后创办《清议报》和《新民丛报》。

1912年，梁启超结束流亡生活，从日本回国从政，曾任袁世凯政府司法总长等职。

1917年，梁启超因政治原因辞去公职，此后主要从事文化教育和学术研究活动。

三、文化成就与贡献

梁启超是中国近代思想家、政治家、教育家、史学家、文学家，戊戌变法（百日维新）领袖之一，中国近代维新派、新法家代表人物。

他主张借鉴西方科技和政治制度，实现国家富强和人民幸福。

他在政治上主张“君主立宪”，提倡民主和宪政，致力于传播改革思想。

在教育领域，梁启超积极推动思想解放和知识解放运动。

在文化评论领域，他批评传统文化的某些弊端，主张借鉴西方文化，并提出自己的文化观点，鼓励中西文化的交流与融合。

四、逝世时间

1929年1月19日，梁启超在北京协和医院逝世，终年56岁。

综上所述，梁启超的一生充满了传奇色彩，他的政治、学术和文化贡献对中国近代化进程产生了深远的影响。

5.1.4 评测作业

AI还可以生成作业和考试内容，协助教师对学生进行评估，掌握学生的学习情况。下面是具体示例。

Q 假如你现在是一名历史老师，请根据初中历史课本中戊戌变法的相关知识，出2道填空题、2道选择题和1道简述题，并给出参考答案。

A 好的，以下是基于初中历史课本中戊戌变法的相关知识出的题及参考答案。

填空题

1.戊戌变法发生在清朝光绪年间，具体时间是_____。

参考答案：1898年。

2.戊戌变法的核心人物是_____，他是戊戌变法的主要推动者。

参考答案：康有为。

选择题

1.戊戌变法主要是为了（ ）。

A. 废除清朝统治

B. 振兴中华，实现国家富强

C. 宣扬儒家文化

D. 扩大封建特权

参考答案：B. 振兴中华，实现国家富强。

2.戊戌变法最终失败的原因之一是（ ）。

A. 光绪皇帝不支持

B. 财政困难

C. 改革力度不足

D. 保守势力的反对

参考答案：D. 保守势力的反对。

简述题

简述戊戌变法的主要内容和意义。

参考答案

主要内容：戊戌变法主要包括政治、经济、文化等方面的改革，政治上，提出设立议会、实行君主立宪制；经济上，鼓励工商、倡导实业；文化上，改革科举制度，提倡新学，创办新式学堂。

意义：戊戌变法是中国近代史上一次重要的自救运动，虽然历时短暂，但它宣传了资本主义的思想，促进了社会的觉醒，对中国现代化进程产生了深远影响；虽然失败了，但为后来的改革提供了宝贵的经验教训。

Q 请根据以下短文，生成一篇初中英语水平的完形填空题。“People often say that a dog is man's best friend.Over thousands of years, man has taught his dogs to do many kinds of work besides guarding the home.For example, sheepdogs are famous for their ability to control a flock of hundreds of sheep.

Dogs have been used to aid disabled people for centuries.A guide dog can lead its blind owner.Nowadays, dogs can be taught to turn on light switches, open refrigerator doors and dial the telephone for their disabled owners.For the majority of people, however, dogs are simply pets and friends for both young and old members of the family.”

A 当然，下面是一个基于中学英语水平学生的完形填空测试：

People often (1) _____ that a dog is man's best friend. Over thousands of years, man has (2) _____ his dogs to do many kinds of work besides guarding the home. For example, sheepdogs are (3) _____ for their ability to control a flock of hundreds of sheep.

Dogs have been used to aid disabled people for centuries. A guide dog can lead its blind (4) _____. Nowadays, dogs can be (5) _____ to turn on light switches, open refrigerator doors and dial the telephone for their disabled owners. For the majority of people, however, dogs are simply pets and friends for both (6) _____ and old members of the family.

Word Bank:

(1) A. says B. say C. saying

(2) A. teaching B. teaches C. taught

(3) A. famous B. famously C. fame

(4) A. own B. owning C. owner

(5) A. teach B. teaching C. taught

(6) A. young B. younger C. youngest

Answer Key:

(1) B. say

(2) C. taught

(3) A. famous

(4) C. owner

(5) C. taught

(6) A. young

5.1.5 事务助手

AI也能协助教师轻松完成日常事务性工作。例如，自动生成各类工作总结、周报、月报，减轻常态化事务的压力，让教师更专注于教学和科研。下面是具体示例。

Q 请撰写一份大学教师的工作周报。

A 大学教师工作周报

XXXX年XX月XX日至XXXX年XX月XX日

一、教学工作

1.完成“XXX”课程XX周的教学内容，包括XX章的详细讲解，并布置了相关的课后习题，以帮助学生巩固所学知识。

2.参加了学院组织的教学研讨会，与同行教师就教学方法和课程设计进行了深入交流，收获颇丰。

3.对上周布置的课后作业进行了批改，对部分学生的作业进行了点评和指导，帮助学生更好地掌握课程内容。

4.准备了下周的课程内容，包括PPT制作、教学案例分析等，确保教学质量和效率。

二、科研工作

1.继续进行“XXX”课题研究，完成了实验数据的整理和分析工作，并对实验结果进行了初步讨论。

2.与课题组成员就研究进度和遇到的问题进行了线上讨论，共同寻求解决方案。

3.撰写了关于“XXX”课题的学术论文初稿，准备提交至相关学术期刊进行审稿。

4.关注了国内外相关领域的研究动态，更新了研究资料库，为课题的深入研究提供了有力支持。

三、学生指导

1.对参加“大学生创新创业训练计划”的学生进行了指导，帮助他们完善项目计划书，并提供了实验室资源支持。

2.对部分学生进行了一对一的学业辅导，针对他们在课程学习中遇到的问题进行了详细解答。

3.参加了学生组织的学术讲座，为学生提供了学术交流和学习的平台。

四、行政与会议

1.参加了学院组织的教师大会，了解了学院最新的教学安排和科研政策。

2.完成了本学期的课程教学计划表的提交工作。

3.与教务处沟通了课程调整的相关事宜，确保教学工作的正常进行。

五、自我提升

1.阅读了相关领域的最新研究文献，更新了专业知识库。

2.参加了线上教学技能培训课程，提高了自己的教学能力。

3.反思了上周的教学和科研工作，制订了本周的改进计划。

六、下周工作计划

1.完成“XXX”课程剩余的教学内容。

2.继续进行“XXX”课题的研究工作，争取完成论文的修改和投稿。

3.对学生进行期中考试前的复习指导。

4.参加学院组织的教学经验分享会，学习优秀教师的教学方法和经验。

5.1.6 辅导作业

辅导作业是令许多家长头痛的事情之一，而AI的出现能够帮助家长在一定程度上摆脱辅导作业的困扰。AI凭借卓越的语言理解、表达能力和海量的学科知识储备，在辅导作业方面有较好的效果。下面是具体示例。

Q 假如你现在是一名数学老师，请详细解答下面这道数学题，需包含解题过程，“甲、乙两人相距36千米，相向而行，如果甲比乙先走2小时，那么他们在乙出发2.5小时后相遇；如果乙比甲先走2小时，那么他们在甲出发3小时后相遇，甲，乙两人每小时各走多少千米？”

A 解这道题时，我们需要设定甲、乙两人的速度分别为x、y，并利用给定的信息建立方程来求解。

情况1：甲比乙先走2小时，他们在乙出发2.5小时后相遇。

甲已经走了$2x$千米。

乙走了$2.5y$千米。

在乙出发后，两人共同走的距离是$2x2.5x+2.5y$千米。

总路程是36千米：$2x+2.5x+2.5y=36$

$$4.5x+2.5y=36$$

情况2：乙比甲先走2小时，他们在甲出发3小时后相遇。

乙已经走了$2y$千米。

甲走了$3x$千米。

在甲出发后，两人共同走的距离是$3y$千米。

总路程是36千米：

$$2y+3x+3y=36$$

$$3x+5y=36$$

解方程组

我们有方程组：

$$4.5x+2.5y=36$$

$$3x+5y = 36$$

为了消去一个变量，我们可以对这两个方程进行变换。首先将方程（1）和方程（2）同时乘以一个数，使得系数相同。这里我们选择乘以10来清除小数：

乘以10后方程变为：

$$45x+25y=360 \ (1)$$

$$30x+50y=360 \ (2)$$

用（1）减去（2）：

$$45x+25y-(30x+50y)=360-360$$

$$45x+25y-30x-50y=0$$

$$15x-25y=0$$

$$3x-5y=0$$

得x和y的关系：

$$3x=5y$$

$$x=\frac{5}{3}y$$

将$x=\frac{5}{3}y$代入方程（2）：

$$3\left(\frac{5}{3}y\right)+5y=36$$

$$5y+5y=36$$

$$10y=36$$

$$y=3.6$$

再代入$x=\frac{5}{3}y$：

$$x=\frac{5}{3}\times 3.6=6$$

答案

甲的速度为每小时6千米，乙的速度为每小时3.6千米。

5.1.7 学习助手

AI可以作为学生的学习助手，提供全面的学习支持，助力学生取得更好的成绩，也能根据学生特点制定个性化学习方案，帮助学生增强学习动力，还能为学生提供学习规划、指导等。下面是具体示例。

Q 我是一名大四学生，准备出国留学，想参加托福考试，请推荐一些相关学习资料。

A 准备托福考试需要全面提高听、说、读、写4项技能，以下是一些推荐的学习资料和资源，可以帮助你有效备考。

听力（Listening）

1.*Official TOEFL iBT Tests with Audio*——官方真题集，包含音频文件，可以帮助你熟悉托福听力考试的题型和难度。

2.TPO（TOEFL® Practice Online）——在线模拟练习平台，提供真实的托福考试环境。

3.TED Talks——观看TED演讲，练习听力和记笔记技能。

4.ESLPod——英语听力播客，适合提高日常英语听力能力。

阅读（Reading）

1.*The Official Guide to the TOEFL Test*——官方指南，包含阅读部分的详细讲解和练习题。

2.*Barron's TOEFL iBT*——《巴朗托福模考》，提供大量阅读练习题和技巧讲解。

3.Reading Practice on *Scientific American* or *National Geographic*——阅读《科学美国人》和《国家地理》，扩展词汇量，提高阅读理解能力。

口语（Speaking）

1.*Official TOEFL iBT Tests with Audio*——官方真题集，包含口语部分的练习题和音频示范。

2.Magoosh TOEFL Speaking——Magoosh的托福口语练习，提供问题库和范例回答。

3.engVid——英语学习网站，有很多关于托福口语的教学视频。

写作（Writing）

1.*The Official Guide to the TOEFL Test*——官方指南，包含写作部分的详细讲解和范文。

2.*Cambridge Preparation for the TOEFL Test*——剑桥托福备考书，提供写作练习题和技巧。

3.ETS TOEFL Writing Topics and Sample Essays——ETS官方提供的写作题目和范文。

综合资源

1.Magoosh TOEFL——提供全面的托福备考课程，包括视频讲解、练习题和模拟考试。

2.Notefull TOEFL——提供托福备考视频和练习资源。

学习建议

制订计划：根据考试日期制订详细的学习计划，每天分配一定时间进行听、说、读、写4部分的练习。

定期模拟：每周进行一次完整的模拟考试，评估自己的水平和进步情况。

记录错误：记录做错的题目和薄弱环节，针对性地进行复习和改进。

口语练习：找语言伙伴或者通过在线平台进行口语练习，提高表达流利度和准确度。

写作练习：每天进行写作练习，找老师或朋友批改，改进写作技巧。

希望这些资源和建议对你备考托福有所帮助，祝你考试顺利，成功申请到理想的学校！

Q 我目前听力和口语方面不是很好，请根据以上提出的资料，为我制订一份托福考试的学习计划。

A 为提升你的托福听力和口语能力，这里制订了一份详细的学习计划，重点强化这两个部分。从现在开始直到考试，每个月、每周和每天都有明确的学习目标和任务。

总体目标

听力：提高对不同口音和复杂句型的理解能力，提升记笔记的技巧。

口语：提高表达的流利度和准确度，提升回答问题的逻辑性和内容丰富度。

月度目标

第一个月：基础训练，熟悉托福听力和口语题型，提升基本能力。

第二个月：强化训练，增加难度，逐步模拟真实考试环境。

第三个月：冲刺训练，全面模拟考试，提高实战能力。

每周计划

每周目标

听力：完成4～5次听力练习，逐步提高难度，每周完成一套完整的听力模拟题。

口语：每天练习口语，针对不同题型进行训练，每周进行一次模拟口语考试。

每日任务

听力部分

1.词汇和短对话（30分钟）

使用*Official TOEFL iBT Tests with Audio*中的短对话进行练习。

记录并背诵新词汇，尤其是听力中高频出现的学术词汇。

2.长对话和讲座内容（1小时）

每天练习听一篇长对话或讲座内容，听完后复述内容。

使用TPO（TOEFL® Practice Online）练习，做笔记并总结每段的主旨。

3.听力笔记技巧（30分钟）

练习听写TED Talks或ESLPod的内容，重点练习抓住关键词和主要信息。

口语部分

1.独立口语（30分钟）

每天练习一道独立口语题目（Independent Speaking Task）。

使用*Official TOEFL iBT Tests with Audio*中的题目，限时准备并回答。

2.综合口语（1小时）

每天练习一道综合口语题目（Integrated Speaking Task）。

使用Magoosh TOEFL Speaking题库，先阅读或听材料，然后回答问题。

3.口语表达和逻辑训练（30分钟）

观看engVid上的托福口语视频，学习表达技巧和回答逻辑。

每周与语言伙伴或通过在线平台进行口语对话练习。

学习方法

定期评估：每周进行一次模拟听力和口语考试，评估自己的进步和不足。

记录和反思：每天记录听力和口语练习中的问题，及时查漏补缺。

复习和巩固：定期复习词汇和听力笔记，反复练习薄弱环节。

学习建议

制订计划：严格实施学习计划，每天进行2.5小时的听力和口语练习。

分阶段提升：从基础到强化，再到冲刺，逐步增加练习难度，模拟真实考试环境。

注重实战：多进行模拟考试，培养考试时的节奏感和时间管理能力。

劳逸结合：每天适当休息，保持良好的学习状态和心态。

希望这份详细的学习计划能够帮助你提升听力和口语能力，顺利通过托福考试！

5.1.8 协助备考

AI能够帮助学生准备考试，提供有针对性的练习题，强化其薄弱环节，也能够根据学生的学习情况提供较优的考试策略和模拟考试题，以巩固学习效果等。

Q 你是一位考研学习规划师。请帮助我制订从3月开始准备考研的详细学习计划，重点科目为英语和专业课。在制订计划时，需要考虑到每个月的学习目标、每周的学习内容、每天的学习任务及具体的学习方法和时间安排。请确保计划合理、可行，并考虑到考生的实际情况和学习习惯。

A 为准备考研的考生制订一份详细的学习计划，重点科目为英语和专业课，时间从3月开始。以下是一份月度、每周和每日的详细学习计划，包括学习目标、内容、任务、方法和时间安排。

3月：基础阶段。

月度目标

英语：打牢词汇、语法和长难句的基础。

专业课：梳理教材内容，建立基础知识框架。

每周计划

英语：每周学习5天，每天2小时。

专业课：每周学习5天，每天3小时。

每日任务

英语

30分钟：背诵新单词（使用词汇书或App，每天背50个单词）。

30分钟：语法练习（每天学习一个语法点，做相关练习题）。

1小时：长难句分析（阅读一篇文章，分析其中的长难句）。

专业课

1小时：阅读教材，做笔记。

1小时：观看相关视频课程。

1小时：复习当天内容，做课后习题。

学习方法

英语：利用记忆曲线，定期复习新单词；使用语法书，结合例句理解语法点；分析长难句时注意句子结构和逻辑关系。

专业课：精读教材，标记重点；观看视频课程时做笔记，结合教材理解知识点。

……

学习方法

英语：继续保持词汇复习和阅读理解训练，写作时注意细节，模拟考试时严格按照考试时间进行。

专业课：通过模拟考试不断调整复习计划，重点复习薄弱环节，确保知识点全面掌握。

注意事项

每天安排适当的休息时间，保持良好的作息。

定期总结学习进度，调整学习计划。

注意劳逸结合，保持积极的心态。

希望这份详细的学习计划能够帮助你合理、有序地准备考研，顺利通过考试！

Q 我目前考研英语中的长难句分析没有掌握好，请为我提供一些相关练习题。

A 为了帮助你更好地掌握考研英语中的长难句分析技巧，这里提供一些相关练习题，包括长难句的划分、结构分析和翻译。这些练习题将帮助你理解句子的结构和逻辑关系，从而提高你的阅读和写作能力。

1.长难句分析练习题

练习题1

原句：The idea that technology will completely eliminate traditional jobs is overly simplistic and fails to consider the ways in which technology can create new opportunities for employment and improve the quality of life for many people.

任务：

（1）划分句子成分，找出主语、谓语、宾语、定语、状语等；

（2）分析句子的主从结构。

练习题2

原句：While the implementation of renewable energy sources has the potential to reduce greenhouse gas emissions significantly, the transition from fossil fuels requires substantial investment, technological innovation, and changes in policy.

任务：

（1）划分句子成分，找出主语、谓语、宾语、定语、状语等；

（2）分析句子的主从结构。

（3）句子翻译

练习题3

原句：Despite the challenges that lie ahead, the continued commitment to international cooperation and the pursuit of sustainable development goals will play a crucial role in addressing global issues such as climate change, poverty, and inequality.

任务：

将句子翻译成中文。

练习题4

原句：The rapid advancement of artificial intelligence and machine learning technologies poses both opportunities and challenges for various industries, necessitating a careful balance between innovation and regulation.

任务：

将句子翻译成中文。

……

句子翻译

练习题3

翻译：尽管前方存在挑战，但对国际合作的持续承诺和对可持续发展目标的追求将在应对全球问题（如气候变化、贫困和不平等）中发挥关键作用。

练习题4

翻译：人工智能和机器学习技术的快速发展既带来了机遇也带来了挑战，这需要在创新和监管之间找到一个谨慎的平衡。

通过这些练习题，你可以更好地理解和掌握长难句的结构和翻译技巧，提升你的英语阅读和写作能力。希望这些练习题对你有所帮助！

5.1.9 提供就业指导服务

AI能够帮助学生了解当前的就业市场趋势，提供就业指导服务。通过收集和分析大量数据，AI可以为学生提供最新的行业信息，如哪些行业在发展，哪些行业在衰退，以及哪些职业具有更大的发展潜力，这将帮助学生做出更明智的职业选择。下面是具体示例。

Q 假如你是一名就业指导专家，我明年将毕业，现就读于北京外国语大学，专业是商务英语，请为我提供个性化的就业指导。

A 作为一名即将毕业的北京外国语大学商务英语专业学生，你的就业前景广泛。以下是一些个性化的就业指导，帮助你在未来的职场道路上做好准备。

一、明确职业目标

自我评估：评估自己的兴趣、技能和职业倾向，明确自己更适合哪个领域。

目标行业：根据自身的优势和兴趣，选择几个目标行业，如国际贸易、金融、市场营销、翻译与本地化、教育培训等。

二、提升核心竞争力

英语能力：继续提升你的英语听说读写能力，尤其是商务英语的应用能力。

第二外语：如果可能，掌握一门第二外语（如西班牙语、法语、德语等），这会显著增强你的竞争力。

专业知识：巩固并深化商务、贸易、市场营销等方面的知识。

三、实践经验

实习机会：尽量多参加与目标行业相关的实习，积累实际工作经验，可以考虑外资企业、跨国公司、贸易公司等。

项目经验：参与学校或社会上的商务英语相关项目，如翻译项目、市场调研项目等。

四、职业技能

沟通与商务谈判：提升你的沟通技巧和商务谈判能力，这在商务领域至关重要。

计算机技能：熟练使用办公软件（如Excel、PowerPoint等）及行业相关的软件工具（如ERP系统、翻译软件等）。

五、职业资源

职业社交：利用LinkedIn等职业社交平台，建立和维护职业人际关系，关注行业动态。

校友网络：利用学校的校友资源，与校友交流，了解行业信息和求职经验。

六、求职准备

简历与求职信：精心准备英文简历和求职信，突出你的教育背景、实习经验和职业技能。

面试准备：练习常见的面试问题，尤其是用英文回答的问题，提升你的面试表现能力。

七、就业方向建议

国际贸易：利用你的商务英语优势，应聘国际贸易业务员、外贸跟单员等职位。

市场营销：考虑在外资企业或跨国公司的市场营销部门工作，负责市场调研、品牌推广等。

翻译与本地化：从事商务文件翻译、会议口译等工作，或加入本地化服务公司。

教育培训：如果你对教育有兴趣，可以考虑从事英语培训、商务英语课程开发等工作。

八、持续学习与提升

考证：根据目标行业需求，考取相关的职业资格证书（如口译证书等）。

考研究生：如果条件允许，可以考虑继续深造，攻读相关领域的研究生学位，进一步提升你的职业竞争力。

通过遵循以上指导，你能明确职业目标，提升核心竞争力，并顺利找到满意的工作。祝你在求职过程中一切顺利！

5.2 论文写作：提供建议和指导

AI在论文写作方面具有多种应用，能够辅助学者或研究人员生成论文框架、摘要、提纲，以及自动撰写引言、方法、结果、结论等。此外，AI还具备论文结构调整、论文润色、内容降重、语法和拼写检查等功能。

5.2.1 阅读并分析文献

文献是指记录人类知识和思想成果的各种期刊、论文、报纸、专利、标准、报告、手册、档案、影像、音像等载体。AI能够协助用户对文献进行检索、分析、总结及思考等。下面是具体操作方法。

01 单击文心一言指令框上方的“已选插件”按钮，选择“阅读助手”选项，如图5-1所示。

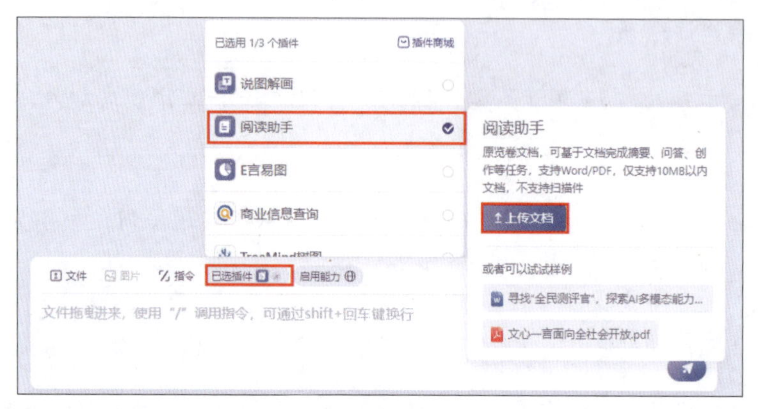

图 5-1

02 单击“上传文档”按钮，打开“打开”对话框，选择需解析的文献，并单击“打开”按钮，如图5-2所示。

图 5-2

03 上传文件后，在输入框内输入“该文献的核心内容是什么？”，以便AI更好地了解需求，如图5-3所示。

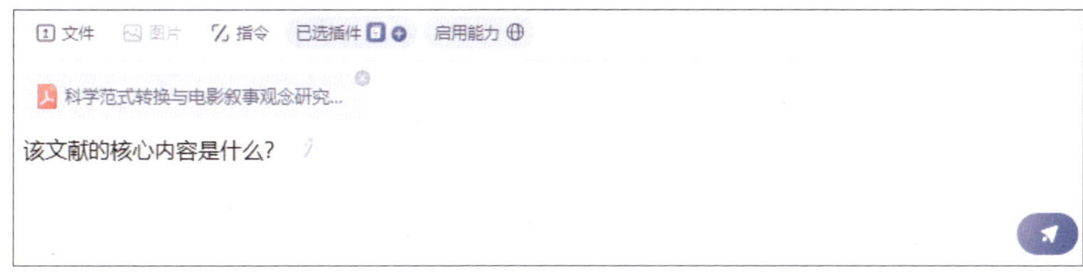

图 5-3

04 按【Enter】键确认后，即可从文献中快速、高效地获取所需的核心内容，如图5-4所示。

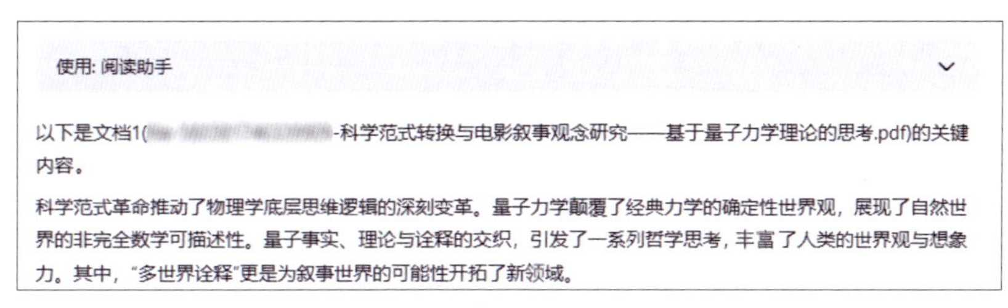

图 5-4

05 继续向文心一言进行提问，以获得更多的信息，如图5-5所示。

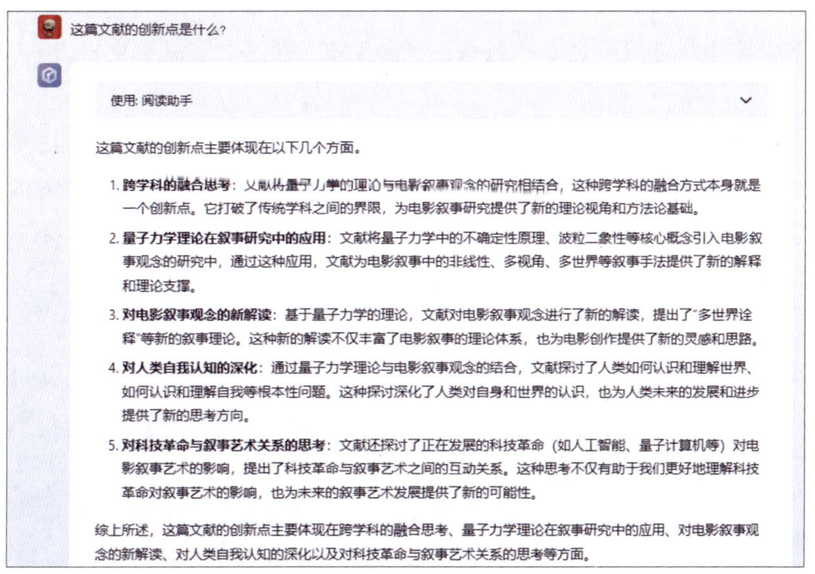

图 5-5

5.2.2 选择题目

在论文撰写过程中，选题是至关重要的，其质量直接影响到论文的水平。但选出一个具有创新性、有实际意义的题目并非易事，此时借助AI可以轻松进行论文选题。下面是具体示例。

Q 我是一名计算机科学专业的学生，我想写一篇关于人工智能的论文，请问该研究领域有哪些最新动态和热点问题？

A 人工智能（AI）是一个快速发展的领域，涵盖了许多前沿技术和热点问题。以下是一些最新动态和热点问题，可以帮助你撰写关于人工智能的论文。

最新动态

1.生成对抗网络（GANs）

生成对抗网络已经在图像生成、图像修复、数据增强等领域取得了显著进展。最新的研究包括生成更高质量和更逼真的图像，以及应用于艺术创作、医疗图像分析等领域。

2.自然语言处理（NLP）

大型语言模型（如GPT-4、BERT、T5）继续推动自然语言处理的发展，最新应用包括机器翻译、文本摘要、问答系统等。多模态自然语言处理也是一个新兴方向，可以将文本与图像、视频等多种模态数据结合处理。

3.强化学习（RL）

强化学习在游戏、机器人控制、自动驾驶等领域取得了突破。最新的研究包括更高效的策略优化算法、基于模仿学习的强化学习等。

4.联邦学习

联邦学习旨在保护数据隐私的前提下，进行分布式机器学习。最新进展包括更加高效的通信协议、隐私保护机制及在医疗、金融等领域的应用。

5.自监督学习

自监督学习减少了对大规模标注数据的依赖，在图像、文本、音频等领域都展现出巨大潜力。最新研究聚焦于如何更好地利用无标注数据进行模型训练。

热点问题

1.AI伦理与公平性

随着AI技术的广泛应用，AI伦理和公平性问题愈发突出。如何确保AI系统的决策公正、不存在偏见，如何保护用户隐私，如何避免AI技术滥用，等等，都是当前的热点问题。

2.可解释性

AI系统的复杂性增加了其决策过程的不可解释性。最新研究致力于开发可解释的AI模型，帮助人们理解和信任AI决策。

3.通用人工智能（AGI）

研究如何实现具有人类智能水平的通用人工智能是一个长期目标。现阶段的研究主要集中在多任务学习、迁移学习等方面，旨在提高AI系统的通用性和灵活性。

4.量子计算与AI

量子计算被认为有潜力大幅提升AI算法的效率。最新研究探讨了如何将量子计算与机器学习相结合，以解决当前的计算资源瓶颈问题。

5.边缘计算与AI

边缘计算可以在靠近数据源的地方进行数据处理，减少延迟并提高效率。将AI算法部署到边缘计算设备上，如智能手机、传感器等，是当前的一个研究热点。

6.人机协作

AI与人类如何更好地协同工作是一个重要研究方向。最新的研究包括协作机器人（cobots）、智能助手等，旨在提高人机交互的效率。

参考文献和资源

顶级会议：关注顶级会议（如NeurIPS、ICML、CVPR、ACL、AAAI等）的最新论文和研究报告。

学术期刊：阅读相关领域的学术期刊，如*Journal of Machine Learning Research*、*IEEE Transactions on Neural Networks and Learning Systems*等。

技术博客和网站：关注OpenAI、DeepMind、Google AI等公司的技术博客，以及arXiv等论文预印本网站。

通过以上信息，你能获得一些有价值的参考和灵感。如果你需要更具体的资料或帮助，请随时告知！

Q 我想研究边缘计算与AI方面的应用，请提供5个研究题目。

A 边缘计算与AI方面的应用是一个非常前沿且充满潜力的研究领域。以下是5个有趣且具有研究价值的题目。

1. 基于边缘计算的智能城市交通管理系统

研究内容：

开发一个分布式智能城市交通管理系统，利用边缘计算设备实时处理交通数据，优化交通信号控制，减少拥堵和事故发生；

探讨如何在边缘计算设备上实现实时数据分析和决策，确保系统的高效和可靠。

2. 边缘计算在智能家居中的应用：个性化推荐与设备控制

研究内容：

研究如何利用边缘计算设备进行智能家居设备的数据处理，实现个性化推荐和自动化控制；

探讨边缘计算在隐私保护和数据安全方面的优势，分析如何在边缘计算设备上实现高效的数据处理和模型推理。

3. 基于边缘计算的智能农业监控系统

研究内容：

开发一个智能农业监控系统，利用边缘计算设备实时监测农田环境数据（如土壤湿度、温度、光照等），提供精准的农业管理建议；

探讨边缘计算在减少数据传输延迟和提高系统响应速度方面的应用，分析其对农业生产效率的提升效果。

4. 边缘计算与AI在健康监测中的应用：实时数据分析与预警系统

研究内容：

研究如何在可穿戴设备等边缘计算设备上实现健康数据的实时分析和处理，提供个性化的健康管理和预警服务。

5. 基于边缘计算的无人驾驶车辆实时感知与决策系统

研究内容：

开发一个无人驾驶车辆实时感知与决策系统，利用边缘计算设备处理车辆周围的环境数据，实现快速决策和响应；

探讨边缘计算在减少数据传输延迟和提高系统可靠性方面的应用，分析其对无人驾驶技术发展的推动作用。

这些题目不仅具有理论研究价值，还在实际应用中有很大的潜力。希望这些研究题目能为你的研究提供一些启发和方向。如果你需要进一步的指导或资料，请随时告知。

Q 我觉得“基于边缘计算的智能城市交通管理系统”这个题目不错，我想加入案例研究，请重新修改题目。

A 以下是重新修改后的研究题目，其中加入了案例研究的内容。

基于边缘计算的智能城市交通管理系统：案例研究与应用

研究内容：

1.案例分析

选择一个或多个智能城市交通管理系统的成功案例，深入分析其架构、技术实现和实际效果。

比较不同城市在边缘计算应用中的经验和成果，提炼出关键的成功因素和最佳实践。

2.系统开发与实现

开发一个基于边缘计算的智能城市交通管理系统原型，利用边缘计算设备实时处理交通数据，实现交通信号优化、事故预警等功能。

探讨边缘计算设备在交通管理中的具体应用场景，如交通流量监测、车辆路径优化、行人安全保障等。

3.性能评估与优化

对系统进行性能评估，分析边缘计算在数据处理速度、系统响应时间、可靠性等方面的表现。

研究如何进一步提高边缘计算设备的资源利用率，提高系统的整体效率和稳定性。

4.挑战与解决方案

探讨边缘计算在智能城市交通管理系统应用中的主要挑战，如数据安全、隐私保护、设备成本等。

提出相应的解决方案，确保系统在实际应用中的可行性和可扩展性。

通过加入案例研究，这个研究题目将更加全面和实用，能够为实际应用提供有价值的参考。希望这些修改能符合你的研究需求。如果你需要进一步的指导或资料，请随时告知。

5.2.3 生成论文摘要

论文摘要是对论文的内容不加注释和评论的简短陈述，要求扼要地说明研究目的、研究方法和最终结论等，而AI可辅助生成符合学术要求的论文摘要。下面是具体示例。

Q 我现在研究的是边缘计算与AI，请你为我写一份相关的论文摘要。

A 好的，以下是一份关于“基于边缘计算的AI应用”的论文摘要示例。

摘要

随着物联网设备数量急剧增长，传统的云计算模式在数据处理和实时响应方面面临巨大挑战。为了应对这些问题，本文提出了一种基于边缘计算的AI应用框架，通过在靠近数据源的边缘计算设备上进行实时数据处理和分析，减少数据传输延迟，提高系统响应速度。本文首先综述了边缘计算与AI结合的最新进展，分析其在智能城市交通管理、智能家居、智能农业和健康监测等领域的应用潜力。接着，介绍了一个智能城市交通管理系统的原型，该系统原型通过边缘计算设备实时处理交通数据，优化交通信号控制，并进行事故预警。实验结果表明，该系统在数据处理效率和响应时间方面的表现显著优于传统的云计算模式。此外，本文还探讨了边缘计算在数据安全、隐私保护和设备成本方面的问题，并提出了相应的解决方案。本文的研究为边缘计算与AI的深度融合提供了理论基础和技术支持，并为未来智能应用的开发和部署提供了重要参考。

希望这份摘要能符合你的研究需求。如果你有任何进一步的修改建议或需要更具体的帮助，请随时告知。

5.2.4 生成论文提纲

论文提纲是论文写作的框架，可以帮助作者组织思路和内容，确保论文结构清晰、逻辑连贯。借助AI工具，科研人员可以轻松写好论文提纲。下面是具体示例。

Q 请为我撰写一份论文提纲，论文的研究内容是人工智能与医疗。论文采用的是定量分析的方法，论文提纲中需要包含研究问题、文献综述、研究方法、数据分析和结果呈现、结论与讨论这些部分。你需要保证内容逻辑清晰，结构完整，分条表述。

 论文提纲：人工智能与医疗

一、引言

1.研究背景

人工智能（AI）在医疗领域的快速发展。

当前医疗系统面临的挑战和问题。

2.研究问题

AI在医疗诊断、治疗和病人管理中的应用效果如何?

AI技术如何提高医疗服务的效率和准确性?

3.研究目的

定量评估AI技术在医疗领域的实际应用效果。

探讨AI技术对医疗服务质量的影响。

4.研究意义

提供关于AI在医疗领域应用的定量数据支持。

为医疗行业的决策提供参考。

二、文献综述

1.AI在医疗中的应用

医疗影像分析。

疾病预测与诊断。

个性化治疗与用药。

病人数据管理。

2.现有研究与成果

AI技术在不同医疗场景的应用案例。

AI在提高诊断准确性和效率方面的研究成果。

3.研究差距与问题

现有研究的局限性。

需要进一步探讨的领域。

……

五、结论与讨论

1.主要发现

AI技术在医疗应用中的关键发现和成果。

定量分析结果的总结。

2.研究贡献

本研究对现有文献的补充和拓展。

本研究对医疗实践的实际应用价值。

3.局限性与未来研究

研究过程中遇到的挑战和局限。

未来研究的可能方向和建议。

4.实际应用建议

对医疗机构、政策制定者和技术开发者的建议。

参考文献

列出所有引用的学术论文、书籍、报告等。

附录（如有需要）

附加的实验数据、图表、代码等。

这份论文提纲旨在帮助你系统地整理论文内容，确保每个部分都涵盖必要的信息。如果你有任何进一步的问题或需要具体的帮助，请随时告知。

5.2.5 推荐参考文献

在写论文时，免不了要进行文献搜索。这时，不妨利用AI来获取与选题相关的文献。用户输入提示词后，AI就能提供相应的搜索结果。下面是具体示例。

Q 请为我推荐10篇与自然语言处理相关的学术论文，这些论文需发表在2010年以后。

A 以下是与自然语言处理相关的10篇学术论文，这些论文均发表在2010年以后。

1.Title: BERT: Pre-training of Deep Bidirectional Transformers for Language Understanding

Authors: Devlin, J., Chang, M. W., Lee, K., & Toutanova, K.

Published: 2018

Journal/Conference: NAACL-HLT

2.Title: Attention is All You Need

Authors: Vaswani, A., Shazeer, N., Parmar, N., Uszkoreit, J., Jones, L., Gomez, A. N., ... & Polosukhin, I.

Published: 2017

Journal/Conference: NeurIPS

3.Title: ERNIE: Enhanced Language Representation with Informative Entities

Authors: Zhang, Z., Han, X., Liu, Z., Jiang, X., Sun, M., & Liu, Q.

Published: 2019

Journal/Conference: arXiv preprint arXiv:1905.07129

……

这些论文涵盖了自然语言处理领域的一些重要研究成果，包括预训练模型（如BERT、RoBERTa、ALBERT等）、文本生成（如T5、BART等）、跨语言表示学习（如XLM等）等方面的内容。希望这些论文能够对您的学术研究有所启发和帮助。

提示　需要注意的一点是AI推荐的文献需要逐一核实，有些文献可能不存在。

5.2.6 生成文献综述

文献综述简称综述，又称文献回顾、文献分析。它是用户针对某一领域、某一专业或某一方面的课题、问题或研究专题搜集大量相关资料，然后通过阅读、分析、归纳、整理当前课题、问题或研究专题的最新进展、学术见解或建议，对其做出综合性介绍和阐述。用户只需输入论文的主题，AI就能完成文献搜索、论证展开、文献研究、文献评估和综述撰写等工作。下面是具体示例。

Q 请生成一篇500字左右关于元宇宙的文献综述。

A 文献综述：元宇宙的发展与应用。

元宇宙（Metaverse）是一个虚拟世界的集合，通过增强现实（AR）、虚拟现实（VR）和其他数字技术将物理世界和数字世界融合在一起。近年来，随着技术的迅猛发展，元宇宙成为学术界和产业界的热门研究领域。Schmalstieg和Hollerer（2020）概述了虚拟现实的技术基础，强调了元宇宙在多种应用场景中的潜力，如教育、医疗和娱乐。Azuma（2020）进一步讨论了AR和VR技术在元宇宙构建中的关键作用。

在教育领域，Ibáñez等人（2020）系统回顾了虚拟现实技术在教育中的应用，发现它显著提高了学习效果和学生的参与度。Huang和Chuang（2021）的研究也表明，虚拟现实技术在高等教育中的应用前景广阔，尤其是在模拟复杂情景和实践训练方面。

在医疗领域，Riva等人（2020）探讨了虚拟现实在精神健康治疗中的应用，指出元宇宙可以为心理治疗提供一个安全、可控的环境。Laver等人（2021）的研究显示，虚拟现实技术在神经康复中的应用有助于改善患者的康复效果。

此外，元宇宙在工作方面的应用也引起了广泛关注。Chua等人（2020）探讨了虚拟现实和增强现实在未来工作环境中的潜力，认为元宇宙可以为员工提供更加灵活和互动性更强的工作体验。

综上所述，元宇宙作为一个跨领域的前沿研究方向，具有广泛的应用前景和巨大的发展潜力。未来的研究应进一步探讨元宇宙在不同应用场景中的具体实现和技术挑战，以推动这一领域的持续发展。

从上述ChatGPT生成的内容来看，引用的都是2021年及以前的外文文献，这是因为ChatGPT的训练数据是2021年之前的，最新文献和中文文献并未被包含。需要注意的是，上面的文献需要注意核实，有些文献可能并不存在。

5.2.7 推荐研究方向

对于一些学术新手来说，如何确立研究方向是比较难的。他们由于对学科领域中有价值的问题认识不足，对文献把握不全和前瞻性思考不够，难以明确研究方向。这时便可以借助AI帮助筛选相关课题的研究方向。下面是具体示例。

Q 请为我推荐一些关于NFT的研究方向，要求内容全面和新颖。

A 以下是一些全面且新颖的关于NFT（非同质化代币）的研究方向。

1.NFT与数字艺术市场

研究NFT对数字艺术市场的影响，包括艺术家的收益、作品的价值变化和市场透明度。

探讨NFT平台（如OpenSea、Rarible）的运作机制及其对艺术品交易的影响。

2.NFT与知识产权

分析NFT在保护数字创意作品知识产权方面的应用，包括版权、商标和专利。

研究NFT在版权保护和侵权检测中的潜力和挑战。

3.NFT与游戏产业

探讨NFT在游戏中的应用，如虚拟物品所有权、游戏内经济和玩家互动。

研究NFT对游戏开发者和玩家之间关系的影响，包括游戏内资产的交易和交换。

4.NFT与虚拟房地产

研究NFT在虚拟房地产市场中的应用，如虚拟土地的购买、出售和租赁。

探讨虚拟房地产的价值评估方法和市场潜力。

5.NFT与音乐产业

分析NFT在音乐版权保护和分发中的应用，探索音乐作品的所有权和收益分配。

研究NFT对音乐人和粉丝互动方式的改变，包括独家内容和虚拟演出。

6.NFT与文化遗产数字化和保护

探讨NFT在文化遗产数字化和保护中的应用，如数字博物馆和文物的数字所有权。

研究NFT在保护和传承传统文化方面的潜力和挑战。

7.NFT与金融

分析NFT在金融领域的创新应用，如数字资产抵押、贷款和保险。

探讨NFT在去中心化金融（DeFi）中的角色和应用场景。

8.NFT的环境影响

研究NFT铸造和交易过程中的能源消耗和碳足迹。

探索降低NFT对环境的影响的方法，如采用更环保的区块链技术和碳补偿机制。

9.NFT与法律法规

分析各国对NFT的法律监管现状和未来趋势。

探讨NFT交易中的法律风险和纠纷解决机制。

10.NFT与社交网络

研究NFT在社交网络平台上的应用，如用户生成内容的所有权和交易。

探讨NFT在社交媒体上带来的新型互动方式和经济模式。

这些研究方向涵盖了NFT在各个领域的创新应用和挑战，新颖且具有全面性，适合深入探讨和研究。

5.2.8 论文润色

论文润色是指在论文写作完成后，对其内容、结构、语言和格式进行进一步的优化和改进，以确保论文的质量和专业性。目前AI在论文润色方面做得较好，下面是具体示例。

Q 你现在一名论文润色专家，你需要帮助我提升论文的语法准确性、清晰度、简洁性和整体可读性，同时分解长句，减少重复，并提供改进建议。请润色以下文本：

“在学校，教学管理工作是非常重要的一项工作，它负责整个系统的日常教学安排、学生的学籍管理等。以前都是人工进行操作，随着学校规模的扩大，教学办公室的教学管理工作量大大加重，教务人员急切希望能够将大部分烦琐的工作交由计算机处理，来减轻工作压力并提高工作效率。而计算机的普及加快了教学管理系统的产生。

上一代的教学管理系统其数据库主要采用FoxBase或FoxPro,其特点是开发简单，能充分利用数据库的特性。其缺点是开发出的系统依赖性强，运行必须依托数据库环境;不容易升级与扩展;无法实现数据的共享与并行操作;代码重用性差。

随着计算机网络的发展，特别是校园网的建立，原有教学管理系统数据共享差的问题更加突出，而新需求越来越多。这就对系统可扩展性和标准化的要求更高。而原有的系统由于其与生俱来的缺点已无法再适应现有的需求了。

因此，使用现在的新技术，开发出适应新需求的新系统的任务已刻不容缓。”

A 润色后的版本：

“在学校，教学管理工作非常重要，包括日常教学安排和学生的学籍管理等事务。以前，这些工作都是人工完成的，随着学校规模的扩大，教学办公室的管理工作量大大增加，教务人员急切希望将大部分烦琐的工作交由计算机处理，以减轻工作压力并提高效率。计算机的普及加速了教学管理系统的产生。

上一代的教学管理系统主要采用FoxBase或FoxPro数据库，其优点是开发简单，能够充分利用数据库的特性。然而，这类系统依赖性强，必须依托数据库环境运行；难以升级和扩展；无法实现数据共享和并行操作；代码重用性差。

随着计算机网络的发展，特别是校园网的建立，原有教学管理系统数据共享差的问题更加突出，新的需求也不断增加。这对系统的可扩展性和标准化提出了更高要求。原有系统存在固有缺点，无法再适应现有需求。

因此，使用新技术开发出适应新需求的新系统迫在眉睫。”

改进建议

1.句子简化和拆分：将冗长的句子拆分为较短的句子，以提高可读性。

2.减少重复：避免重复表达相同的概念。

3.明确主旨：在每段开头明确段落的主旨，使结构更加清晰。

4.语言简化：使用简洁的语言，避免复杂表达，保持信息传达的清晰性。

请注意：在撰写论文的过程中，AI可以作为一个有力的辅助工具，提供信息搜集、资料整理和初步分析等支持。然而，论文的核心价值在于作者独到的见解和深刻的思考。因此，我们鼓励读者在使用AI时始终保持自己的主导地位，以确保研究成果的真实性和创新性。 请记住，学术诚信是学术研究的基石，任何形式的抄袭都是不可接受的。同时，对于AI提供的所有资料和建议，都应仔细核实和评估，以保证论文的学术质量和个人学术声誉不受损害。让我们共同维护公正、健康的学术环境，通过诚实和脚踏实地的研究工作，推动创新并提升学术价值。

第6章

其他领域：AI的进步与创新

近年来，AI技术不仅在传统的科技和计算机科学领域展现了强大的潜力，还在许多其他领域引发了革命性的变化。本章将对AI音乐、AI视频、AI剪辑等领域逐一进行讲解。

6.1 AI音乐：激发全民音乐创作潜能

过去，创作一首动人的音乐往往需要专业的音乐知识和丰富的创作经验，现在，借助AI工具，有一定乐理基础即可以轻松地创作出属于自己的音乐。本节主要以网易天音和Suno为例进行讲解。

6.1.1 AI编曲

AI编曲是利用机器学习、深度学习等AI技术，让计算机自动分析、学习和模仿音乐家的创作风格和音乐理论，进而生成与之相似的音乐作品。这种技术可以极大地提高音乐创作的效率，同时也为没有音乐专业背景的人提供了一个创作音乐的平台。下面介绍使用网易天音进行AI编曲的操作流程。

01 打开浏览器，搜索网易天音并进入其主界面，如图6-1所示。

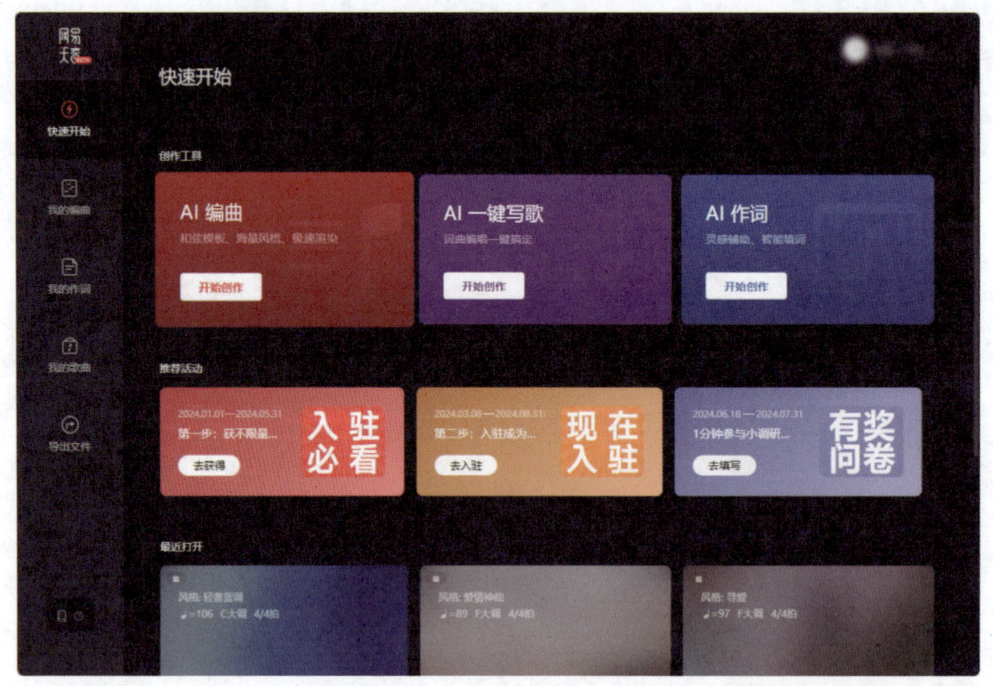

图6-1

02 单击“AI编曲”按钮，有“自由创作”“基于曲谱创作”或“上传作曲”供用户选择，如图6-2所示。

图6-2

03 选择“自由创作”，进入和弦编辑界面，开始进行自由创作，如图6-3所示。

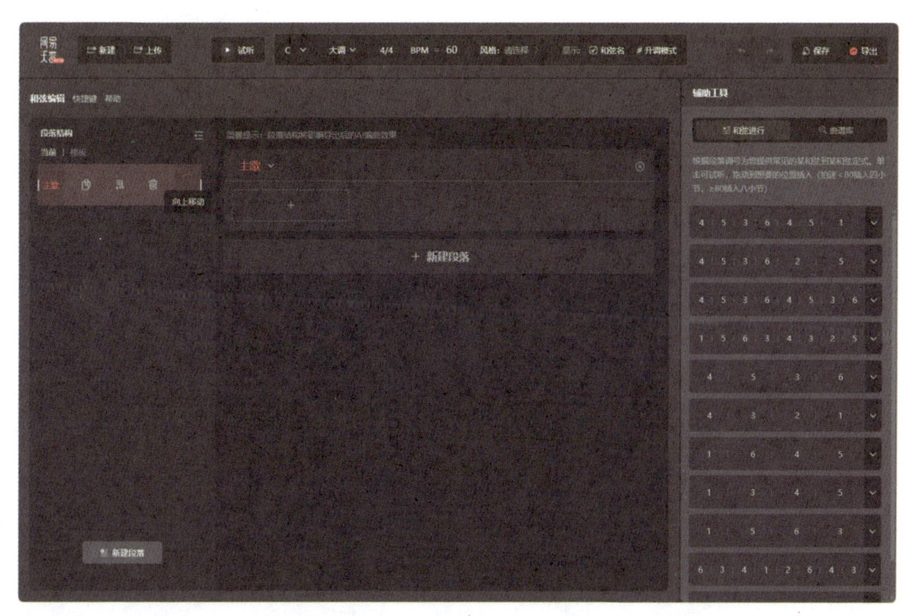

图6-3

提示 AI编曲需要一定的乐理基础，用户可根据和弦谱，对编曲进行微调和自定义编辑。

自由创作操作流程如图6-4所示。基于曲谱创作操作流程如图6-5所示。上传作曲操作流程如图6-6所示。

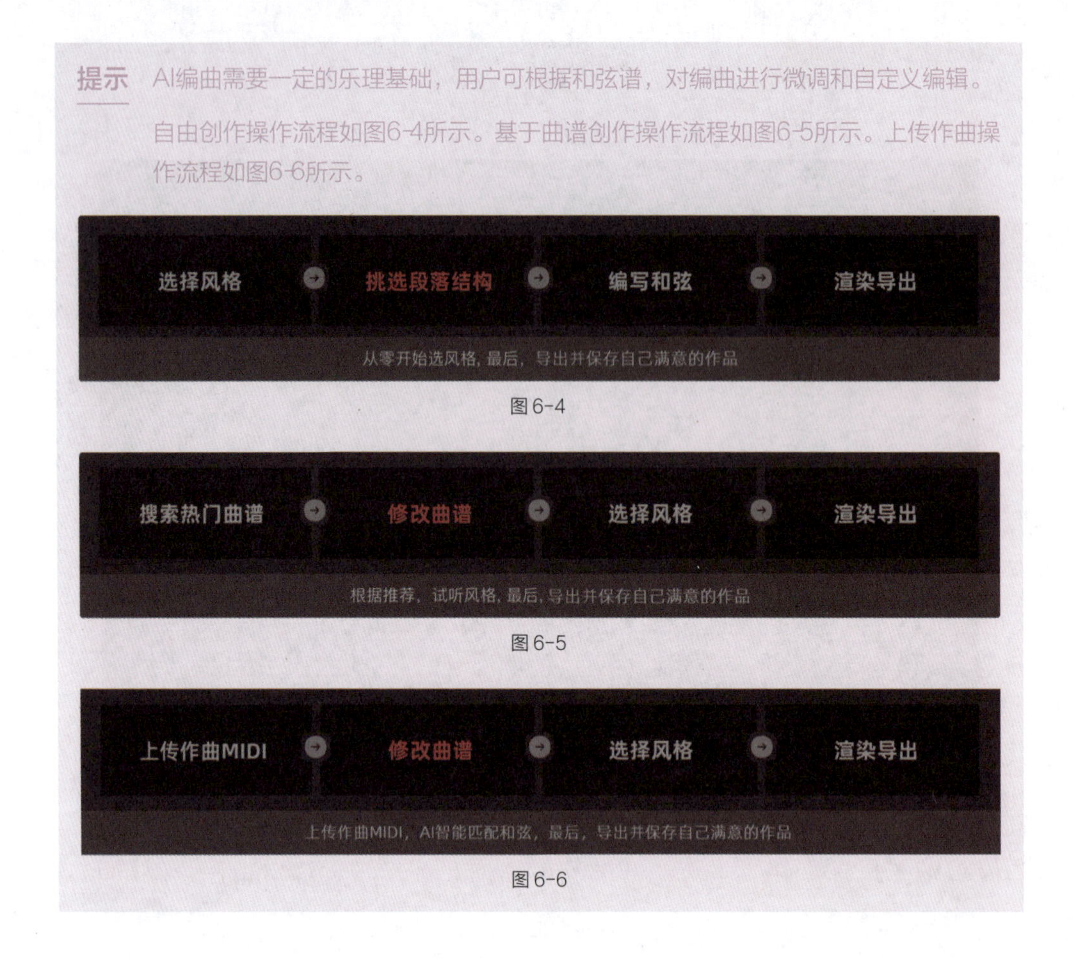

图6-4

图6-5

图6-6

6.1.2 AI作词

AI可以提供创意灵感，帮助音乐人和歌词作者突破创作瓶颈，拓宽创作思路。例如，通过输入关键词或短语，AI可以生成与这些关键词或短语相关的歌词创意，为创作者提供新的灵感来源。下面介绍使用网易天音进行AI作词的操作步骤。

1. 自由创作

自由创作主要是创作者根据自身的思路，用AI工具辅助进行创作，下面是具体操作方法。

01 进入网易天音主界面之后，单击“AI作词”按钮，有“自由创作”或“AI作词”供用户选择，如图6-7所示。

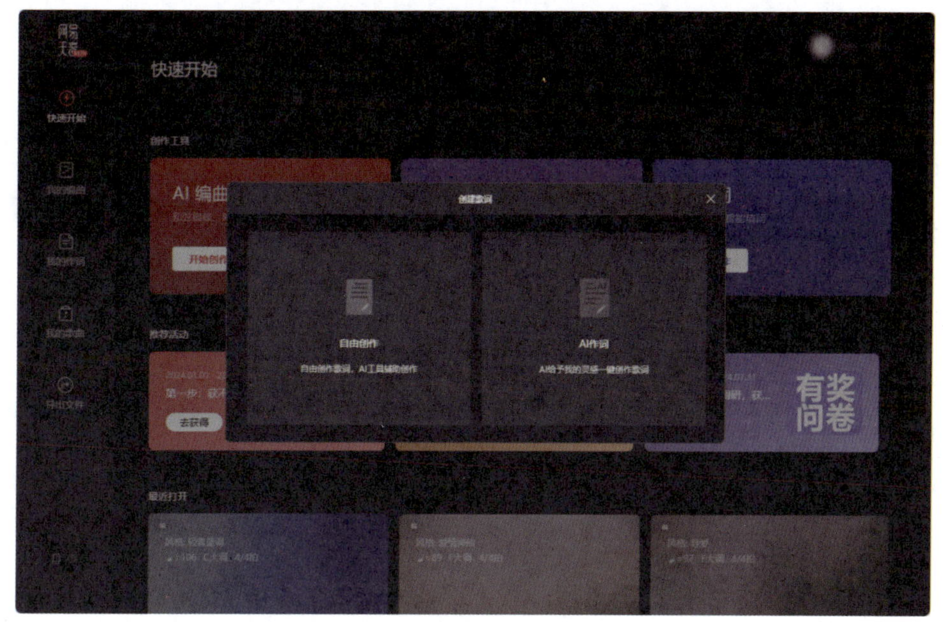

图6-7

02 选择“自由创作”，进入歌词编辑界面，如图6-8所示。

图6-8

在歌词编辑界面的左侧可以对段落结构进行布局，包括添加段落、调整段落位置、删除和复制段落等，如图6-9所示。

歌词编辑界面的中间部分主要用于编辑歌词，如编辑歌词文本、切换歌词格式等，如图6-10所示。

图6-9

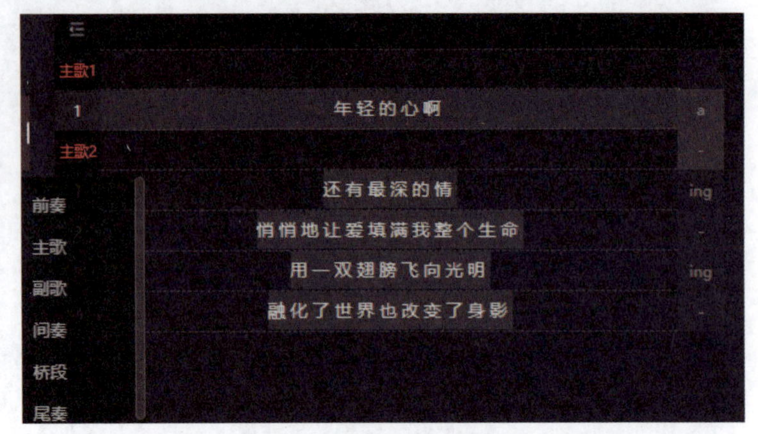

图6-10

歌词编辑界面右侧主要是辅助工具，包括“词句段联想”“灵感检索”“AI写词”等，如图6-11所示。

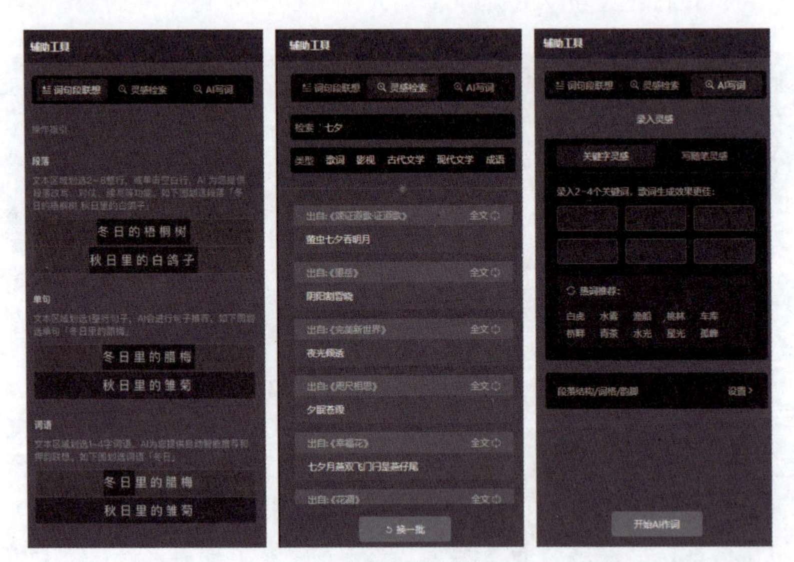

图6-11

歌词编辑界面的上方是菜单工具栏，主要用于“保存”“新建”“导出”等，如图6-12所示。

图6-12

2. AI作词

AI作词是指在AI提供一定灵感的基础上进行创作，下面是具体操作方法。

01 在网易天音主界面单击“AI作词”按钮后选择“AI作词”，弹出“创建歌词”对话框，在其中可以选择“关键字灵感”和“写随笔灵感”两种方式，如图6-13所示。

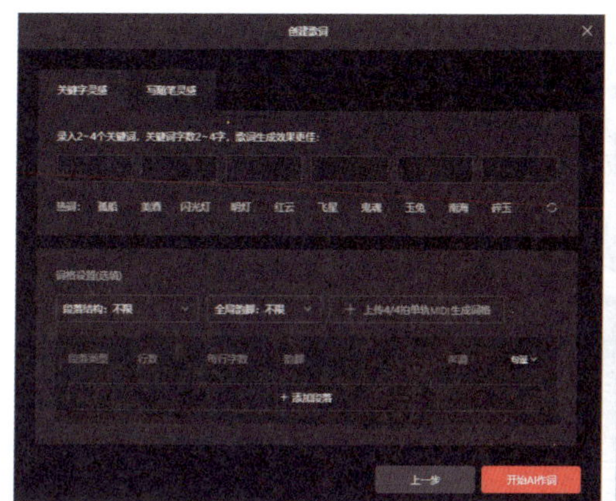

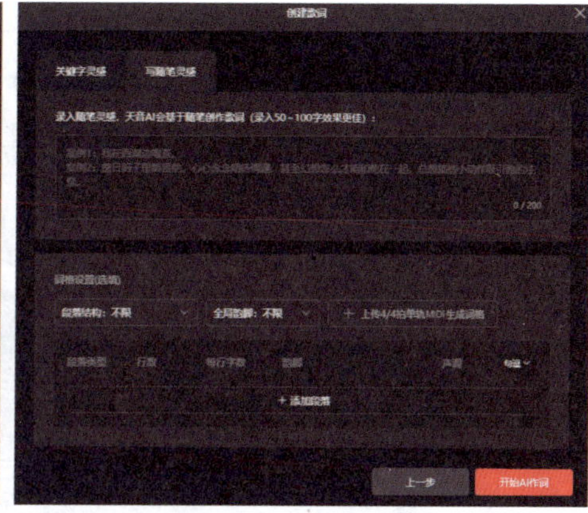

图6-13

02 选择“关键字灵感”，在关键词框中输入文字，也可以采用系统推荐的热词，如图6-14所示。

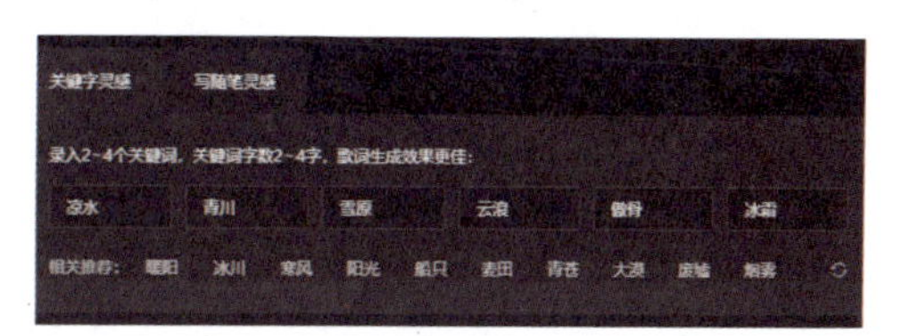

图6-14

03 填写关键词后，设置段落结构、全局韵脚等，如图6-15所示。

04 单击“开始AI作词”按钮，即可自动生成5段歌词供选择，如图6-16所示。

图6-15

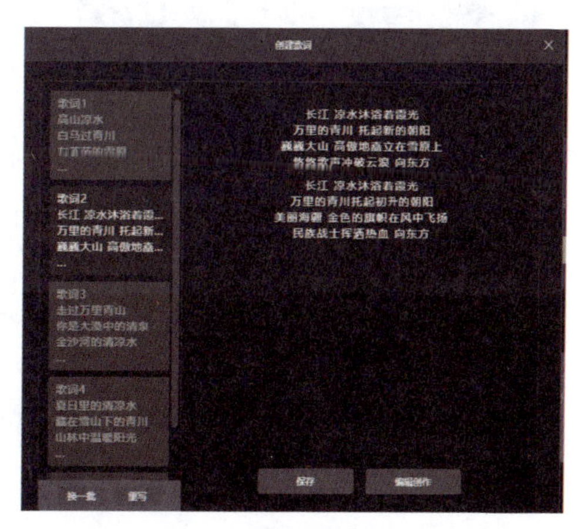

图6-16

6.1.3 AI一键写歌

AI一键写歌是指通过算法和大数据分析，快速生成旋律、和声、节奏等音乐元素，自动创作出一首完整的歌曲。这种技术让略懂音乐的人也能轻松创作出属于自己的音乐作品。下面是具体操作方法。

01 打开网易天音，进入其主界面，单击“AI一键写歌”按钮，如图6-17所示。

图 6-17

02 在弹出的“新建歌曲”对话框中，有“关键字灵感”或“写随笔灵感”供选择，如图6-18所示。选择“关键字灵感”，填写关键词，对作曲、段落结构、音乐类型进行编辑，如图6-19所示。

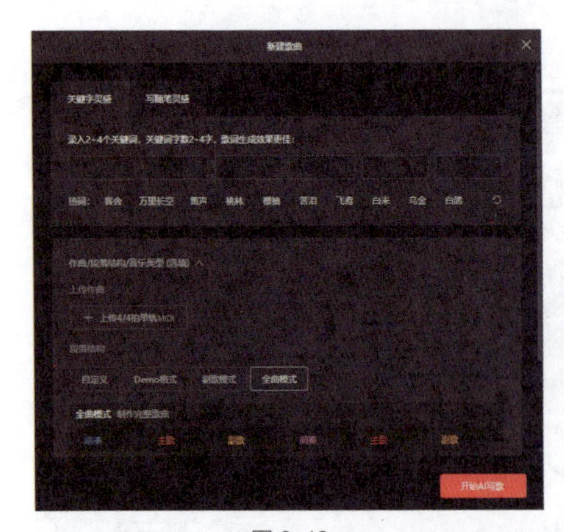

图 6-18

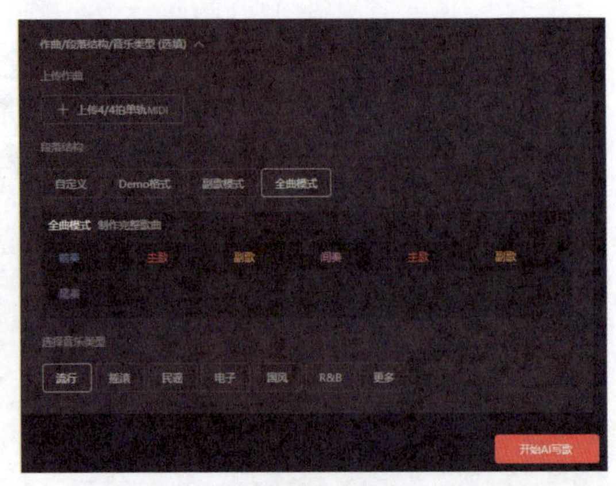

图 6-19

03 单击“开始AI写歌”按钮，即可自动生成歌曲，如图6-20所示。

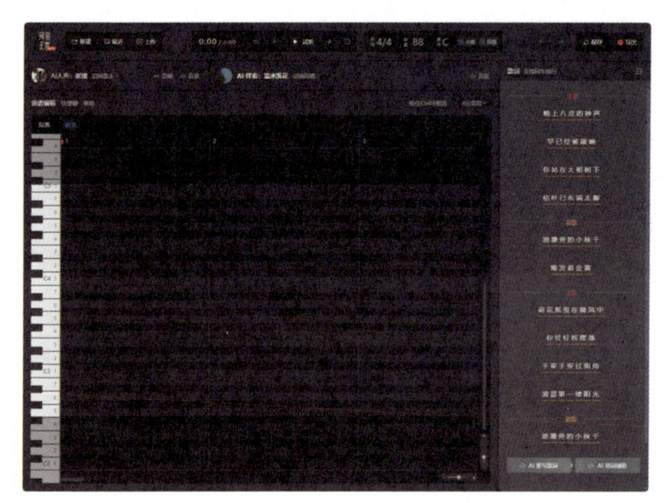

图6-20

04 在歌曲编辑界面上方可以进行试听、降调或升调、切换歌手、切换风格等操作，如图6-21所示。单击“试听”按钮，即可播放所创作的歌曲，如图6-22所示。

图6-21

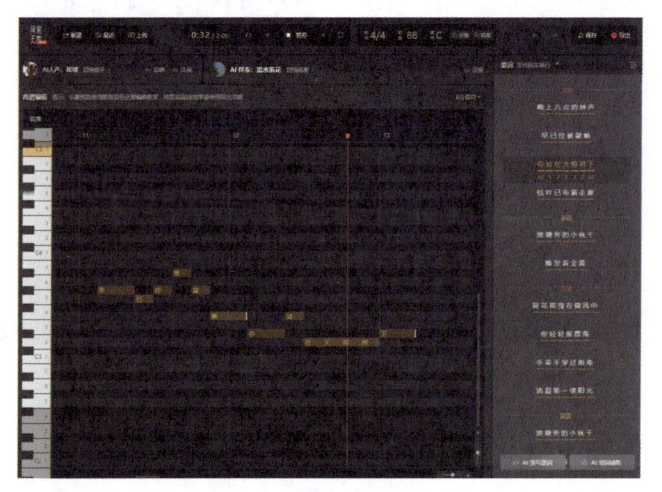

图6-22

6.1.4 音乐领域的ChatGPT——Suno

Suno由来自哈佛大学和麻省理工学院的团队开发，其核心功能是通过文本提示词（支持中英文输入）引导模型输出对应的音频，生成能够结合人声和乐器的逼真歌曲。

Suno打破了以往AI音乐创作的逻辑，利用文生音乐（Text-to-Music），用户仅仅需要用一段文字描述此时的创作想法，或者直接给出一段歌词并选取音乐风格，Suno短时间内就能生成两首旋律迥异的歌曲，下面详细介绍这款AI工具。

1. 灵感模式

Suno中的灵感模式指用户只需输入此时的创作想法，它即可自动生成两首包含背景音乐、歌词及人声的歌曲。当你想要创作某种类型的歌曲，但却没有头绪时，使用该功能，可以获得创作灵感。下面是具体操作步骤。

01 进入Suno主界面，在界面左侧的工具栏中单击“Create”按钮，进入灵感模式编辑界面，如图6-23所示。

02 在歌词描述框内输入相关提示词，单击“Create”按钮，即可在界面右侧生成歌曲，如图6-24所示。

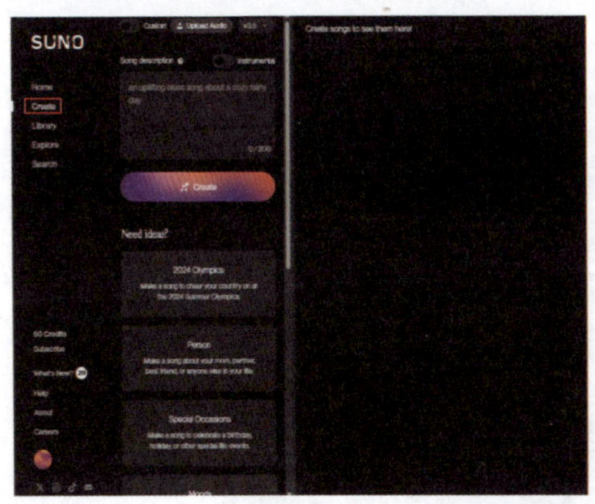

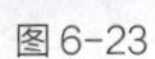
图6-23

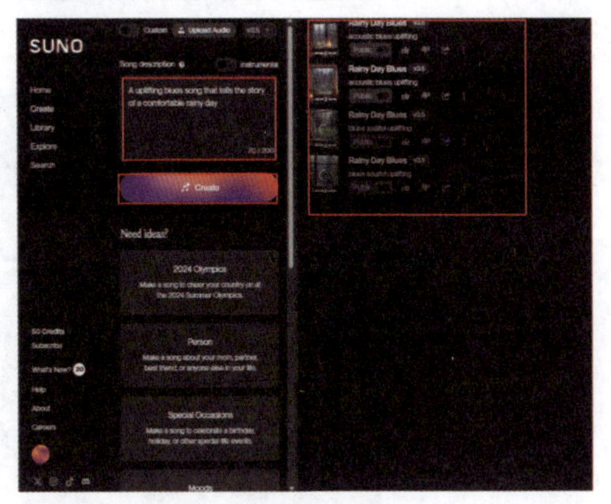

图6-24

03 如果希望生成的歌曲为纯音乐，可以单击歌词描述框上方的“Instrumental”按钮，如图6-25所示。

04 将鼠标指针移动至生成的歌曲上方，双击即可播放该音乐。界面下方会弹出歌曲播放框，可以进行循环播放、切换歌曲等操作，且界面最右侧会弹出歌曲详情框，展示标题、歌词等信息，如图6-26所示。

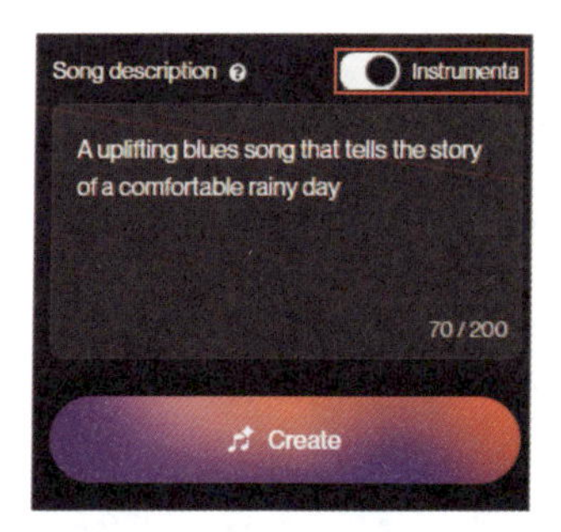

图6-25

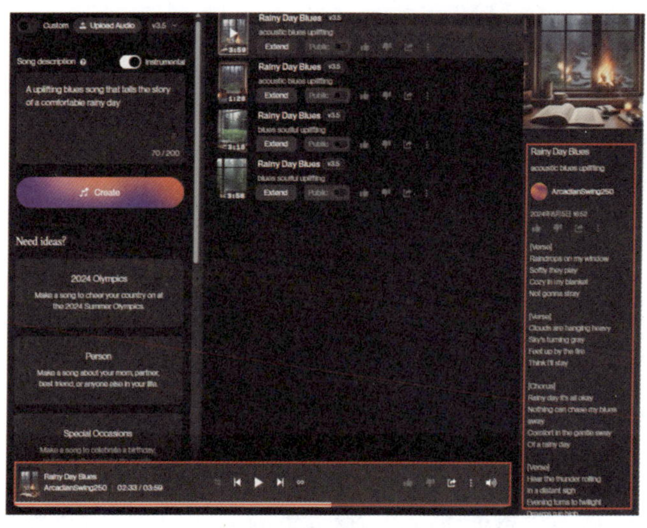

图6-26

2. 自定义模式

在自定义模式下，用户可以自行输入歌词并详细描述音乐风格，从而生成更符合个人需求的音乐作品。下面是详细的操作步骤。

01 单击界面上方的“Custom”按钮，进入自定义编辑模式，如图6-27所示。

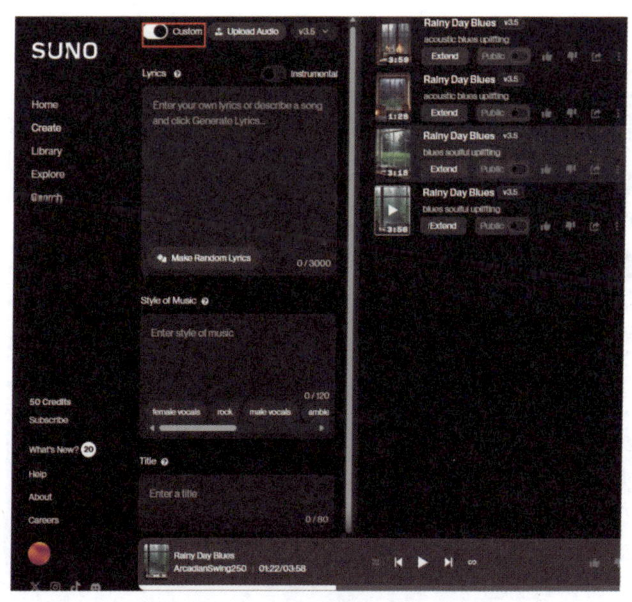

图6-27

02 在歌词（“Lyrics”）输入框内输入歌词，并在标题（“Title”）输入框内输入歌曲标题，如图6-28所示。

03 在歌曲风格（“Style of Music”）输入框中输入想要的音乐风格、主题，如摇滚、流行、乡村、男声、女高音、童声、中国风、欧美风等，如图6-29所示。

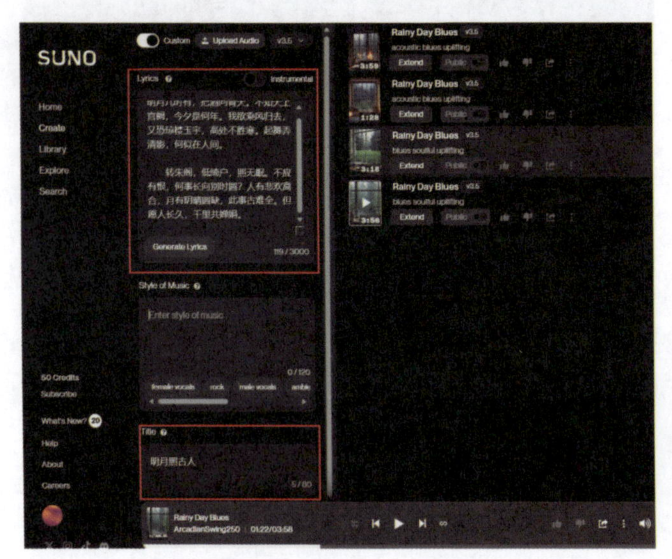

图6-28

图6-29

需要注意的是，在输入音乐风格前，需将相应内容翻译成英文，这会使生成的歌曲更符合要求。

04 单击“Create”按钮，Suno就会自动生成相应的歌曲了，如图6-30所示。

图6-30

05 单击生成歌曲右侧的“更多选项”按钮⋮，选择“Download”|“Audio”选项，即可将生成的歌曲下载至本地，方便后续编辑和使用，如图6-31所示。

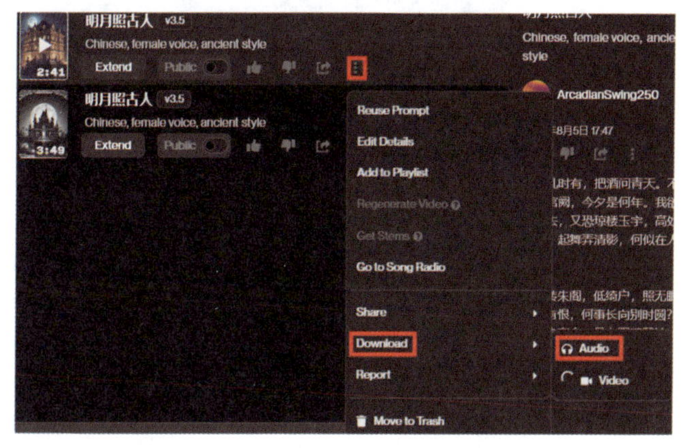

图6-31

6.2 AI视频：创意和技术的完美结合

在这个数字化时代，视频内容已经成为人们生活中不可或缺的一部分，从社交媒体到娱乐媒体，从教育培训到在线广告，无处不在的视频内容丰富了我们的日常体验。但制作一个高质量的视频对许多人来说仍然是一种挑战。正是在这样的背景下，AI视频生成工具应运而生，它们凭借先进的算法和强大的功能，为用户提供了一种快速、便捷的解决方案，帮助用户轻松制作出高质量的视频。

6.2.1 商业动态画面

商业动态画面主要用于企业宣传、产品推广、服务介绍等场景，可以帮助企业吸引客户、提高口碑，并将业务快速推广到更多地区。下面介绍使用AI工具制作商业动态画面的方法。

01 打开Midjourney，在输入框中输入“/imagine”，再输入相关提示词，如图6-32所示。

图 6-32

02 按【Enter】键确认，生成相关商业图片，如图6-33所示。

图 6-33

03 单击图片下方的“U4”按钮，将第4幅图片放大，如图6-34所示。在图片上单击鼠标右键，在弹出的菜单中选择“另存为图片”选项，如图6-35所示，将图片保存。

图 6-34

图 6-35

04 打开Runway，进入主界面，单击“Select from Assets”按钮，如图6-36所示，上传刚刚生成的商业图片。

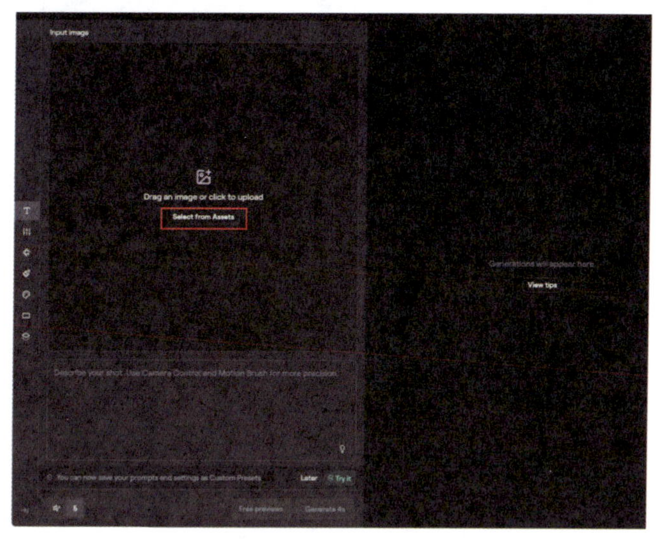

图6-36

05 在提示词输入框中输入相关提示词，如图6-37所示。

06 单击“Generate 4s”按钮，即可生成商业动态画面，如图6-38所示。

图6-37

图6-38

6.2.2 自媒体短视频

自媒体短视频是一种在自媒体平台上发布的短视频。短视频的兴起为人们提供了更加丰富、多样的娱乐内容，同样也为短视频博主带来了广泛的传播渠道、更快的粉丝积累和知名度提升速度、多样化的变现机会、更大的话语权和社会影响力等。下面是使用AI工具制作自媒体短视频的方法。

01 打开ChatGPT，在输入框内输入所需生成的短视频分镜脚本的主题，相关提示词及ChatGPT的回答如下。

Q 请为我生成一个短视频分镜脚本，是关于张家界景点介绍的。

A 好的，这是一个关于张家界景点介绍的短视频分镜脚本。

短视频分镜脚本：张家界景点介绍

场景1：开场白

画面：一位主持人在张家界的标志性景点前，微笑着面对镜头。

旁白/字幕：欢迎来到美丽的张家界！今天我们将带您领略这片神奇的自然风光。

场景2：天门山

画面：航拍天门山全景，展示天门洞的壮观景象。

旁白/字幕：首先，我们来到天门山，感受这座奇峰的雄伟壮丽。

场景3：玻璃栈道

画面：游客们走在悬空的玻璃栈道上，背景是深邃的峡谷和高耸的山峰。

旁白/字幕：如果你喜欢刺激，不容错过的还有天门山的玻璃栈道，站在这里，仿佛置身于云端。

场景4：武陵源风景区

画面：武陵源风景区的标志性峰林，镜头缓缓从低处向高处移动，展示壮丽的山峰。

旁白/字幕：接下来，我们来到武陵源风景区，这里有着世界上最壮丽的石英砂岩峰林景观。

场景5：黄石寨

画面：黄石寨的远景和近景，展示奇特的岩石形状和壮丽的山谷。

旁白/字幕：黄石寨是张家界的标志性景点之一。

场景6：金鞭溪

画面：金鞭溪清澈的溪水和两旁的奇峰，游客们在溪边拍照、游玩。

旁白/字幕：最后，我们来到金鞭溪，这条清澈见底的小溪穿行在山谷之间，是休闲徒步的绝佳去处。

场景7：总结

画面：主持人再次出现在画面中，背景是张家界的美丽山景。

旁白/字幕：张家界不仅有壮丽的自然景观，还有丰富的文化底蕴，期待您来亲身感受这片神奇的土地。

场景8：结尾

画面：张家界的日落全景，夕阳映照在山峰上，显得格外壮丽。

旁白/字幕：谢谢收看！别忘了点赞、关注并分享给你的朋友哦！

视频时长

开场白：10秒。

天门山：15秒。

玻璃栈道：10秒。

武陵源风景区：15秒。

黄石寨：10秒。

金鞭溪：10秒。

总结：10秒。

结尾：10秒。

总时长：90秒。

希望这个分镜脚本能帮助你更好地制作关于张家界景点介绍的短视频！

02 打开翻译软件，将场景1的画面描述转换成英文，如图6-39所示。

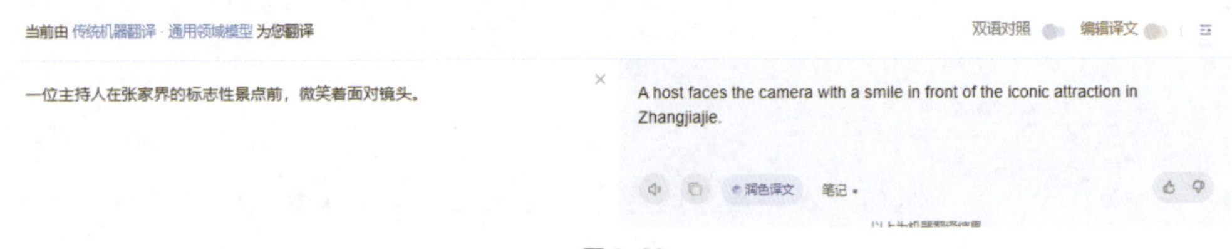

图6-39

03 打开Midjourney，在输入框中输入“/imagine”，将翻译好的画面描述的英文复制粘贴至输入框内，如图6-40所示。

04 按【Enter】键确认，即可生成相对应的图片，如图6-41所示。

prompt The prompt to imagine
/imagine
prompt A host faces the camera with a smile in front of the iconic attraction in Zhangjiajie.

图6-40

图6-41

05 单击图片下方的“U4”按钮，将第4张图片放大，如图6-42所示。在图片上单击鼠标右键，在弹出的菜单中选择“另存为图片”选项，如图6-43所示。

图6-42

图6-43

06 将生成的图片保存到文件夹中，打开Runway，上传保存的图片，并输入英文提示词，如图6-44所示。

07 单击“Generate 4s”按钮，即可完成从画面描述到视频的转换，如图6-45所示。

图6-44

图6-45

08 按照步骤02~07，将剩余画面描述一一转换为视频，如图6-46所示。

09 打开剪映专业版，单击“开始创作”按钮[+]，导入转换完成的视频，如图6-47所示。

图6-46

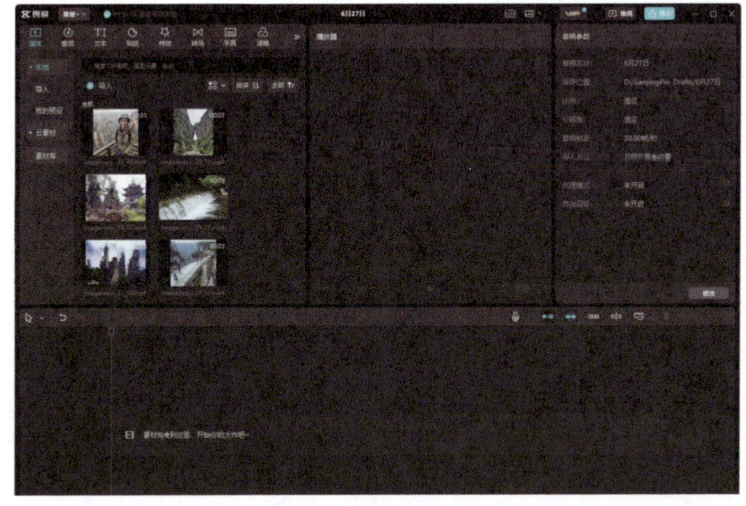

图6-47

10 将视频素材拖动至下方的轨道中，如图6-48所示。

图6-48

11 选择“文本”|“新建文本”|“默认文本”选项，给每段视频素材添加旁白，如图6-49所示。

图6-49

12 选中文本，单击“朗读”功能，将文字转化为音频，如图6-50所示。

图6-50

13 单击界面右上角的“导出”按钮，在“导出”对话框中进行相关设置，设置完成后单击对话框右下角的“导出”按钮，即可完成自媒体短视频的制作，如图6-51所示。

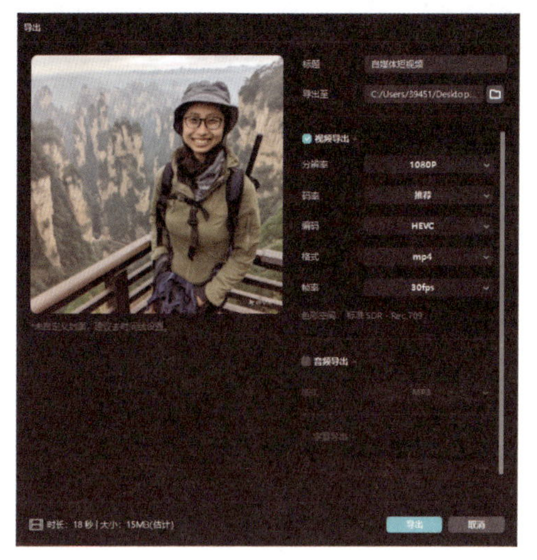

图6-51

6.2.3 动态海报

动态海报是指在设计中加入动态元素（如动画、视频等）而形成的生动形象、视觉冲击力强的海报。它的应用场景广泛，包括宣传活动、产品推广、品牌广告等各种营销场景。相比于传统静态海报，动态海报能更好地吸引受众的注意力，提升营销效果，并且能够提升品牌的形象和知名度。下面讲解使用AI工具制作动态海报的方法。

01 打开ChatGPT，在输入框内输入相关内容，让ChatGPT生成一些动态海报的AI绘画提示词。

Q 我现在要制作一份关于运动鞋的动态海报，请你为我生成相关AI绘画提示词。

A 以下是一些AI绘画提示词，可以帮助你生成关于运动鞋的动态海报。

1.运动鞋特写

提示词：高质量运动鞋，特写，细节丰富，品牌标志清晰，现代设计，流线型，动态效果，运动场景背景。

2.运动场景

提示词：运动鞋在跑道上，运动员奔跑，鞋底细节，尘土飞扬，速度感，动态模糊，日落光影效果。

3.科技感设计

提示词：未来感运动鞋，科技元素，发光效果，透明材质，高科技背景，蓝色和银色调，动态闪电。

4.户外运动

提示词：运动鞋在山地环境，泥泞路面，强劲抓地力，户外探险，动态水花四溅，自然景观。

5.街头时尚

提示词：运动鞋在城市街头，潮流风格，涂鸦背景，动态行走，都市夜景，霓虹灯光效，现代年轻人穿着。

6.品牌展示

提示词：运动鞋品牌展示，高端质感，品牌标志醒目，简洁背景，动态旋转，360度展示效果。

7.能量爆发

提示词：运动鞋爆发能量，闪电效果，力量感，鞋底细节突出，炫酷背景，红色和黑色主题。

8.运动鞋历史

提示词：经典运动鞋款，复古风格，历史背景，动态时间轴，老照片效果，黑白和彩色对比。

你可以将这些提示词输入AI绘画工具（如DALL-E、Midjourney等），根据生成的图像进行调整和优化，以制作出让你满意的运动鞋动态海报。

02 选择所需的提示词，使用翻译软件将其翻译成英文，如图6-52所示。

图6-52

03 打开Midjourney，在输入框内输入“/imagine”，将翻译后的英文提示词复制粘贴至其输入框内，如图6-53所示。

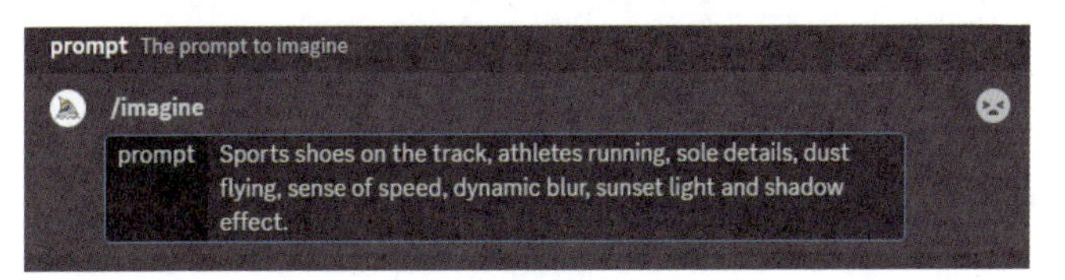

图6-53

04 按【Enter】键确认，即可得到对应的图片，如图6-54所示。

图6-54

05 单击图片下方的“U4”按钮，将第4张图片放大，如图6-55所示。在图片上单击鼠标右键，在弹出的菜单中选择“另存为图片”选项，如图6-56所示。

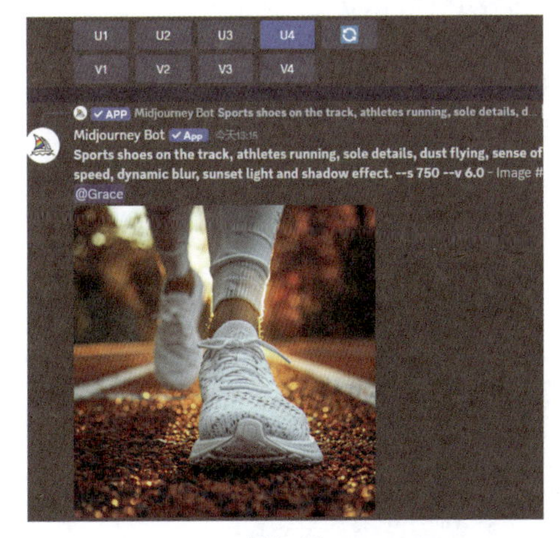

图6-55

图6-56

06 打开Runway，单击“Select from Assets”按钮，上传刚刚保存的图片，如图6-57所示。

07 在提示词输入框中输入相关提示词，如图6-58所示。

图6-57

图6-58

08 单击“Generate 4s”按钮，即可生成动态海报，如图6-59所示。

图6-59

6.2.4 图文成片

图文成片是指用户输入一段文字，然后AI智能匹配图片素材、添加字幕、旁白和音乐，自动生成视频。这种智能匹配和生成的方式，大大降低了视频创作的门槛，使得擅长撰文但不擅长剪辑的创作者也能轻松制作出高质量的视频。下面介绍使用剪映进行图文成片的步骤。

01 打开剪映专业版，单击“图文成片”按钮，如图6-60所示。

图6-60

02 进入图文成片编辑界面，有“自由编辑文案”和“智能写文案”供选择，选择“智能写文案”中的“情感关系”选项，如图6-61所示。输入文案主题、话题后，单击“生成文案”按钮，即可自动生成文案，如图6-62所示。

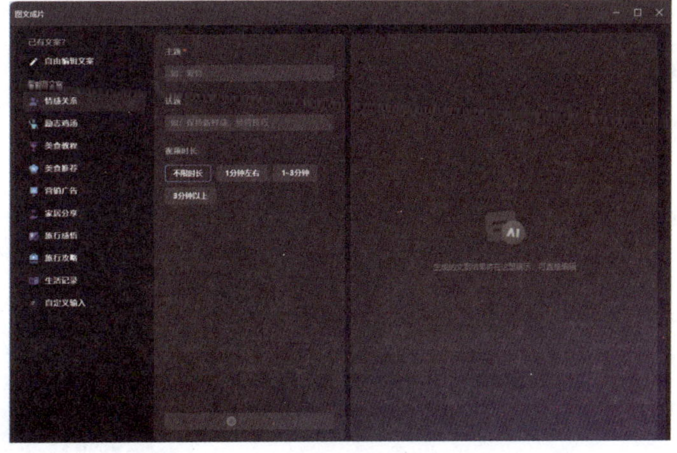

图6-61

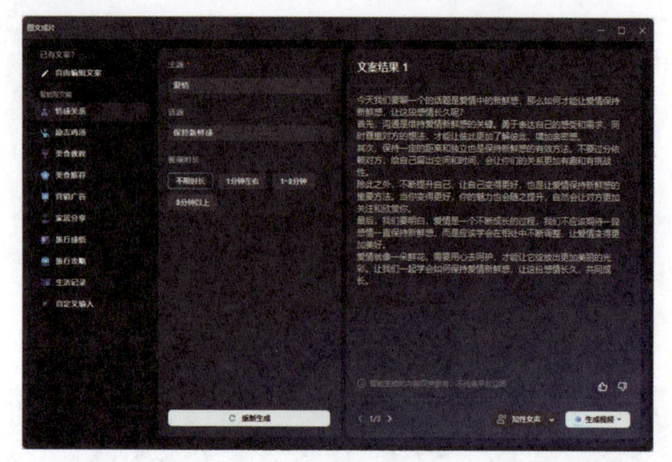

图 6-62

03 生成文案后，可以在界面右侧的文案生成结果中编辑文案，也可以单击下方的›按钮，选择其他文案生成结果，如图6-63所示。

04 选择文案生成结果后可以设置视频时长，如设置为“不限时长”“1分钟左右”等，也可以单击界面下方的音色选择功能，选择“新闻男生”“播音旁白”等，如图6-64所示。

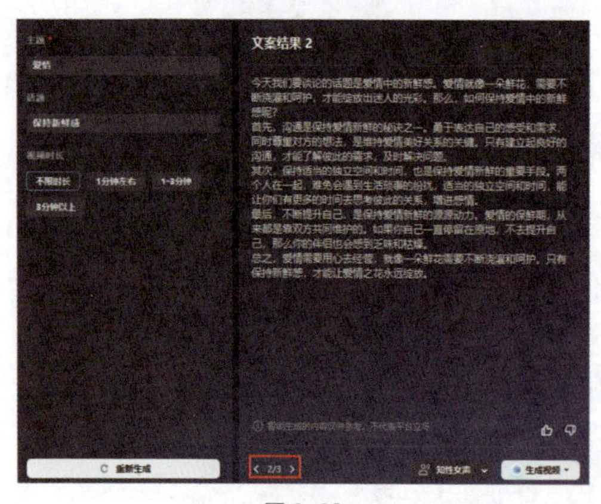

图 6-63

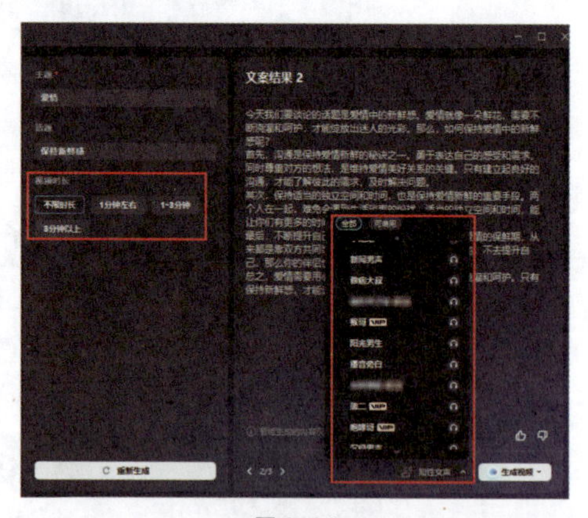

图 6-64

05 单击“生成视频”按钮，弹出成片方式选择框，有“智能匹配素材”“使用本地素材”“智能匹配表情包”等供选择，如图6-65所示。

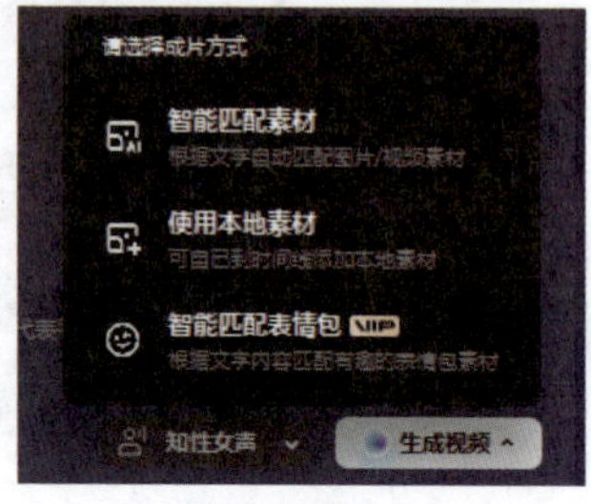

图 6-65

06 选择“智能匹配素材”，即可自动生成视频，如图6-66所示。

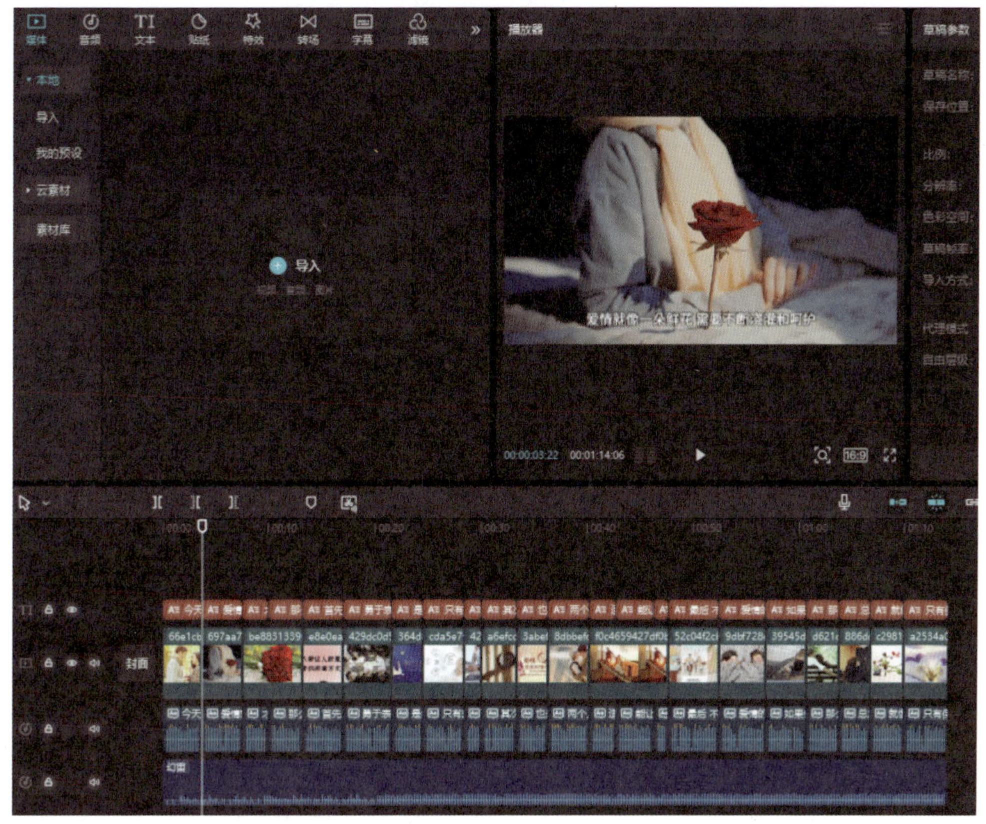

图6-66

6.2.5 动态漫画

动态漫画是一种利用AI技术生成和处理的漫画形式，它不仅保留了传统漫画的图像，还加入了动态效果，使漫画更加生动和吸引人。动态漫画可以用于创作连载漫画、动画短片等，以吸引更多观众并提升内容的传播效果。下面介绍使用AI工具制作动态漫画的方法。

01 打开ChatGPT，在输入框内输入相关内容，让ChatGPT生成小说文本，提问及回答如下，并将生成的小说文本复制。

Q 请为我创作一段现代都市类虚幻小说文本。

A 第1章：逆袭之路

赵晨阳是一个普通的白领，每天在“钢铁丛林”中奔波，过着朝九晚五的生活。工作枯燥乏味，薪水也不算丰厚，但他始终相信，生活总有出现转机的一天。

这一天，赵晨阳下班后正打算回家，却在地铁站的角落里发现了一个不起眼的旧包裹。好奇心驱使下，他捡起包裹，发现里面竟然是一部老旧的手机和一封信。信上写着：“这部手机将改变你的命运。”

赵晨阳按捺不住内心的好奇，打开了手机。屏幕亮起的瞬间，一个陌生的界面出现了：“欢迎使用命运改写系统。”系统自称可以帮助用户实现心愿，从改变生活小事到完成梦想，只要按照提示完成任务，就能获得相应的奖励。

第2章：初试身手

赵晨阳将信将疑地接受了系统的第一个任务：在部门会议上提出一个创意。这个任务看似简单，但对于向来低调的他来说，却是个不小的挑战。

翌日，赵晨阳鼓起勇气，在部门会议上提出了一个关于市场营销的新点子。这个创意不仅得到了老板的认可，还让他在同事面前崭露头角。会后，系统提示任务完成，并奖励了他一笔数额不小的奖金。

第3章：迅速崛起

随着一个个任务的完成，赵晨阳的生活发生了翻天覆地的变化。他利用系统的奖励，投资了一些潜力股，赚取了人生的第一桶金；在系统的指引下，他掌握了许多专业技能，成为公司不可或缺的精英。

一次偶然的机会，赵晨阳在一个商业酒会上认识了集团总裁李清雅。这位美丽而聪慧的女性对他的能力和才华大为赞赏，不久便邀请他加入自己的核心团队。

第4章：豪门风云

进入核心团队后，赵晨阳凭借出色的表现迅速获得了李清雅的信任，两人也逐渐产生了微妙的情愫。然而，这一切并非一帆风顺。集团内部竞争激烈，阴谋诡计层出不穷，赵晨阳必须时刻保持警惕，才能在这场豪门风云中立于不败之地。

第5章：最终逆袭

通过不懈的努力和系统的帮助，赵晨阳不仅在事业上达到了巅峰，还收获了真挚的爱情。最终，他以强者的姿态，站在了城市的顶端，俯瞰曾经的自己走过的每一步。

这部手机和它的命运改写系统，仿佛是命运送给他的礼物。但赵晨阳深知，真正改变命运的，不仅仅是外力的帮助，更是自己内心的不懈追求和坚持不懈的努力。

从普通白领到商界精英，赵晨阳用实际行动证明了，命运，始终掌握在自己手中。

这段小说文本展示了主角赵晨阳从普通人逆袭成为成功人士的过程，通过系统的帮助和自身的努力，他在事业和生活中不断突破，实现了自己的梦想。希望你喜欢这个故事！

02 打开腾讯智影，进入其主界面，单击“动态漫画”按钮，如图6-67所示。

图6-67

03 进入动态漫画编辑界面，单击“新建作品”按钮，如图6-68所示。

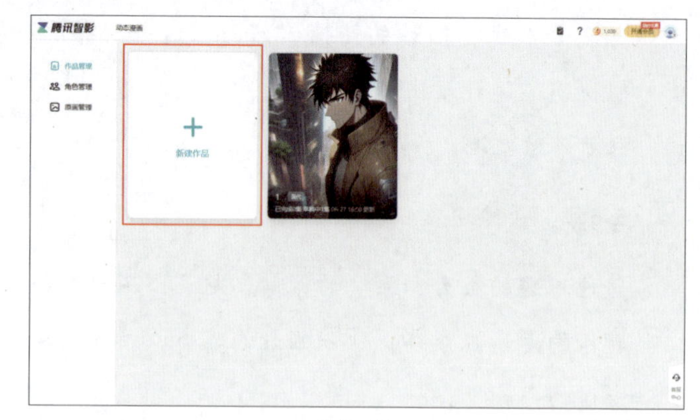

图6-68

04 弹出“新建作品”对话框，在其中进行相关设置，如图6-69所示，设置完成后单击“开始创建”按钮。

图6-69

05 在“录入文案”文本框内，粘贴复制的文本，单击“应用文案”按钮，如图6-70所示。

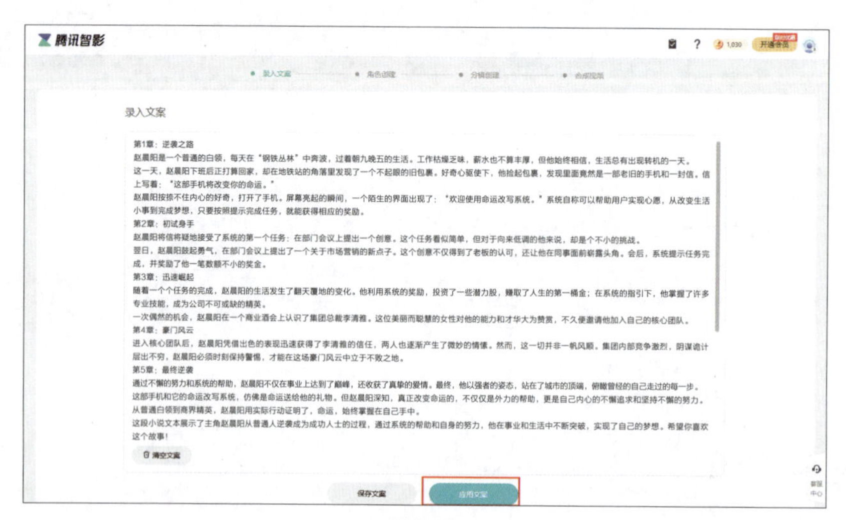

图6-70

06 进入“角色列表”界面，如图6-71所示。单击“人物配置”按钮，对人物的风格、类型、发型、发色等进行设置，如图6-72所示。

图6-71

图6-72

07 对人物进行设置后，单击“已确认，下一步”按钮，如图6-73所示，即可进入到下一阶段。

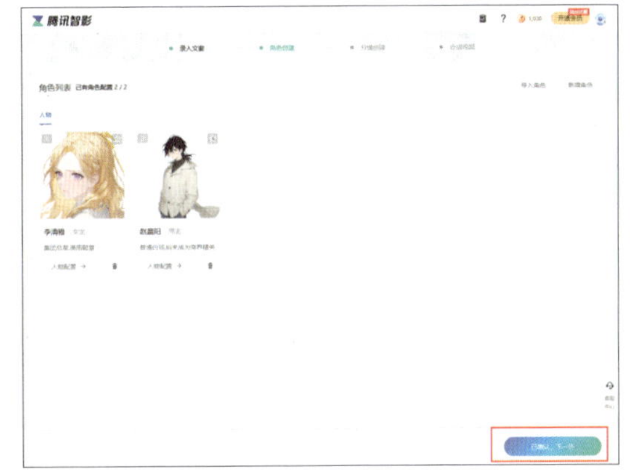

图6-73

08 进入“分镜创建”界面，里面是被AI拆分的每一小段分镜头，如图6-74所示。

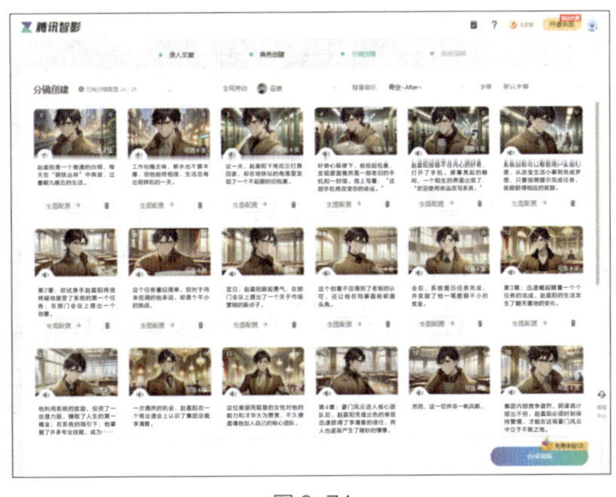

图6-74

09 单击“生图配置”按钮进入生图配置界面，在该界面中可以编辑每一段分镜头中人物的神态、外貌及动作等，如图6-75所示。

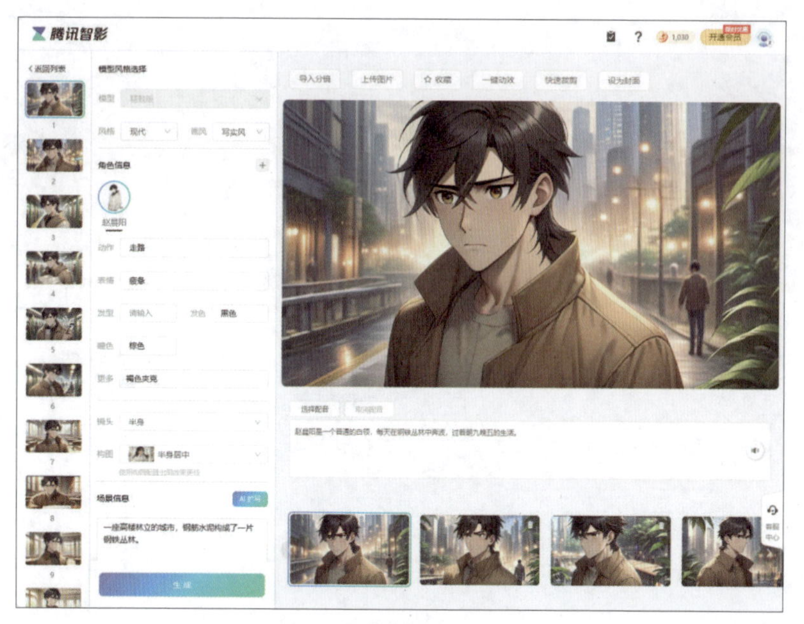

图 6-75

10 完成生图配置后，单击“合成视频”按钮，即可将所有分镜头整合为一个视频，如图6-76所示。

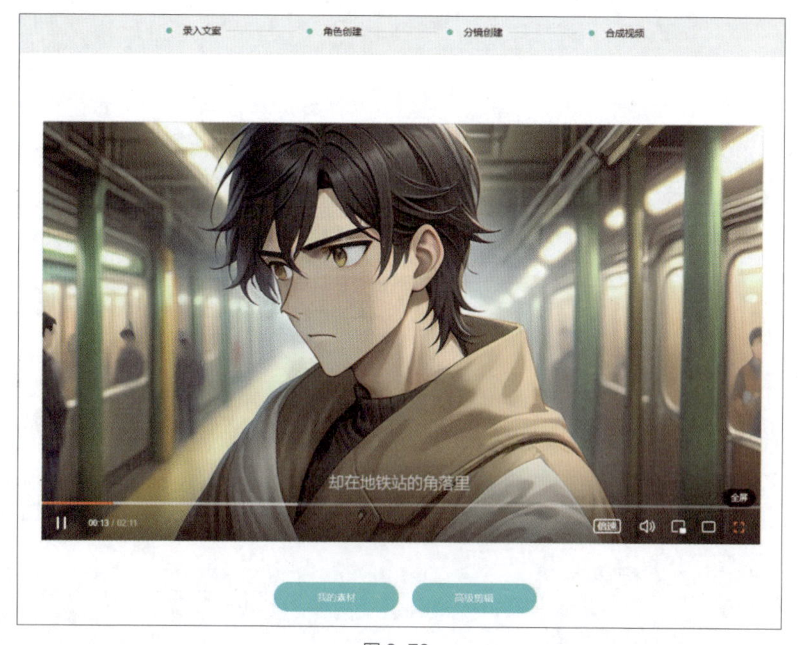

图 6-76

6.3 AI剪辑：打造专业级影视佳作

在现代影视制作领域，剪辑不仅决定了影片的节奏和叙事方式，巧妙的剪辑技巧更能赋予作品独特的视觉冲击力和感染力。然而，传统的剪辑过程通常耗时费力，要求剪辑师具备高度的专业技能和丰富的经验。随着AI技术的迅猛发展，AI剪辑逐渐成为影视制作领域中的“新宠”。AI剪辑，不仅能够大幅提升剪辑效率，还可以实现许多传统剪辑手段难以达到的效果，为影视创作者提供了前所未有的创作自由和可能性。

6.3.1 AI视频背景更改

AI视频背景更改是一项利用AI技术将视频中原有的背景替换为其他背景的技术。这种技术通常用于视频制作、电影特效、虚拟会议和直播等领域。通过AI视频背景更改，用户可以在不需要专业绿幕设备的情况下，轻松实现视频背景的替换和编辑。下面介绍使用VIDIO进行视频背景更改的方法。

01 打开VIDIO，选择“视频背景更改”工具，如图6-77所示。

图6-77

02 进入“视频背景更改”界面，在弹出的对话框中单击“浏览文件”按钮，如图6-78所示，上传需要更换背景的视频素材。

图6-78

03 上传视频素材后，会弹出“选择视频范围”对话框，可以在其中调整视频背景的时长，如图6-79所示。调整完成后，单击“应用”按钮。

图6-79

04 选择视频中不需要更改的部分，如人物，如图6-80所示。

图6-80

05 单击界面左上角的“传播遮罩”按钮，将整段视频中的人物保留下来，如图6-81所示。

图6-81

06 单击界面右上方的“更改背景”按钮，选择相应的选项，如替换、透明、变暗、灰度、纯色、模糊效果等，如图6-82所示，这里选择“替换”选项。

07 弹出“选择背景图像”对话框，在其中选择需要用来替换的背景，单击“应用”按钮，如图6-83所示。替换背景后的视频，如图6-84所示。

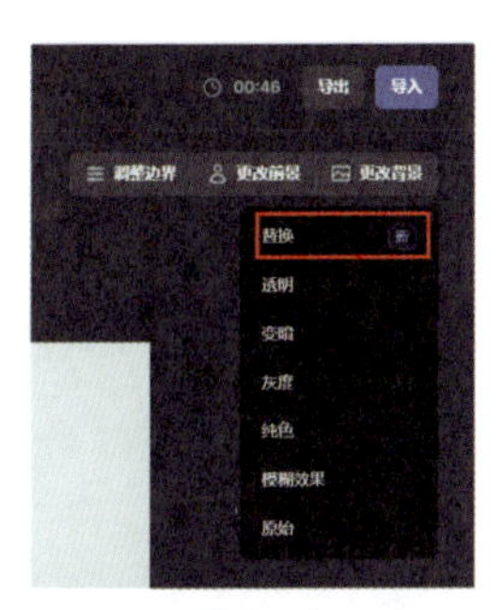

图6-82

图6-83

图6-84

6.3.2 合成数字人播报场景

数字人播报是一种利用计算机技术和AI实现声音和图像模拟的技术，它能够模拟真实人类的声音、表情和肢体动作，用于各种信息传播的场景。下面是使用腾讯智影制作数字人播报视频的方法。

01 打开ChatGPT，在输入框内输入相关提示词，让其生成一份基础文本，复制ChatGPT的回答。

Q 请作为一名资深导游，为我介绍趵突泉背后的故事。

A 趵突泉是中国山东省济南市著名的泉水之一，被誉为“天下第一泉”。作为一名资深导游，我将为您详细介绍趵突泉的历史、文化及背后的故事。

趵突泉简介

趵突泉位于济南市中心的趵突泉公园内，是济南七十二名泉之首。泉水从地下涌出，形成三个主要的泉眼，水流如同喷珠溅玉，声如雷鸣，故名“趵突”。趵突泉的水质清澈甘甜，被誉为济南泉城的代表之一。

历史渊源

趵突泉的历史可以追溯到很久以前。根据记载，趵突泉在北魏时期已经为人所知。到了唐代，趵突泉已经成为著名的旅游胜地，吸引了许多文人墨客前来游览和吟咏。

文化底蕴

1.文学作品中的趵突泉：趵突泉在中国古代文学作品中频频出现，许多诗人和作家都曾为其作诗作赋。这不仅表明了趵突泉在当时的地位，也为其增添了文化色彩。

2.历代名人游记：历代名人都曾到访趵突泉，并留下了许多珍贵的游记和题词。清代乾隆皇帝南巡曾到访趵突泉，并御封其为“天下第一泉”。

传说故事

1.龙王的传说：相传趵突泉的泉眼是由龙王守护的。很久以前，济南地区久旱无雨，庄稼颗粒无收。当地百姓求助龙王，龙王显灵，喷出了清泉，这就是趵突泉。为了感谢龙王的恩泽，当地人每年都会举行祭祀仪式，祈求风调雨顺。

2.李清照与趵突泉：南宋著名女词人李清照曾在济南居住多年，并深受趵突泉的影响。李清照的词作中多次提及趵突泉，她与丈夫赵明诚常在泉边吟诗作赋。

现代发展

今天的趵突泉公园不仅是济南市民休闲娱乐的好去处，也吸引了大量的国内外游客。每年春秋两季，公园内还会举行盛大的泉水节和灯会，展示泉城的独特魅力。

总结

趵突泉不仅是自然景观中的瑰宝，更是济南历史文化的重要组成部分。它的清泉涌动，见证了千年的风雨变迁，承载了无数的故事和传说。在这里，您不仅可以感受自然的馈赠，还能追寻古人的足迹，领略文化的厚重。无论是历史爱好者、文化学者，还是普通游客，趵突泉都值得一游。

02 打开腾讯智影，进入其主界面，单击“数字人播报”按钮，如图6-85所示。

图6-85

03 进入数字人编辑页面，在界面的右侧粘贴刚才复制的文本，如图6-86所示。

图 6-86

04 选择左侧工具栏中的“数字人”工具，选择合适的数字人并单击“播报”按钮▶，如图6-87所示。

图 6-87

05 选择左侧工具栏中的“我的资源”工具，单击“本地上传”按钮，如图6-88所示。

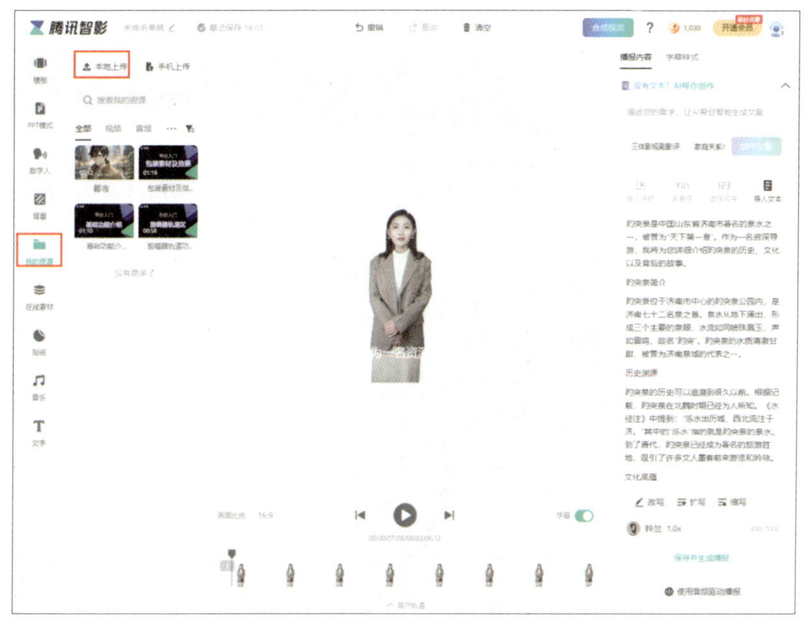

图6-88

06 上传图片素材后，单击图片素材右上角的“添加”按钮➕，将其添加至轨道中，如图6-89所示。

07 将数字人轨道拖动至图片素材所在轨道上方，如图6-90所示。

图6-89

图6-90

08 选择界面右侧的“字幕样式”选项，调整文字的大小、颜色和样式等，如图6-91所示。在界面左侧的工具栏中，还能添加贴纸、音乐、文字等内容，如图6-92所示。

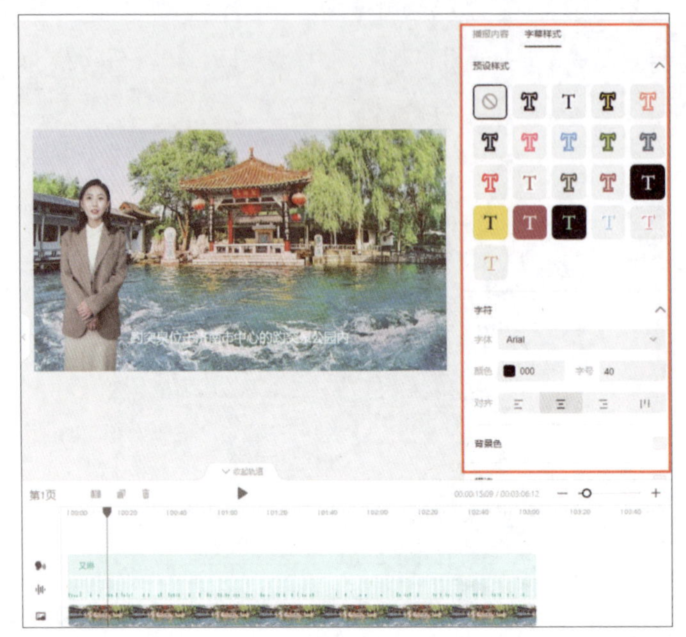

图6-91

图6-92

09 单击界面上方的“合成视频”按钮，如图6-93所示。在弹出的对话框中进行设置，然后单击“确定”按钮，如图6-94所示，即可完成数字人播报视频的制作。

图6-93

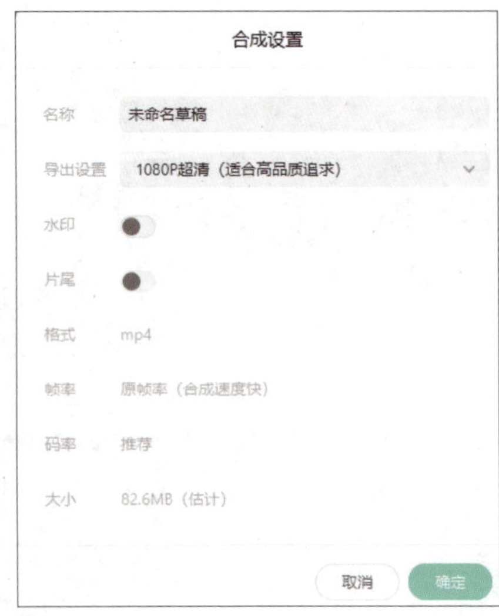

图6-94

6.3.3 视频配音

很多看短视频的人不难发现，视频配音不再局限于配音演员，还可以由AI实现。下面介绍使用剪映进行视频配音的步骤。

01 打开剪映专业版，单击“开始创作”按钮⊞，上传一段视频素材，如图6-95所示。

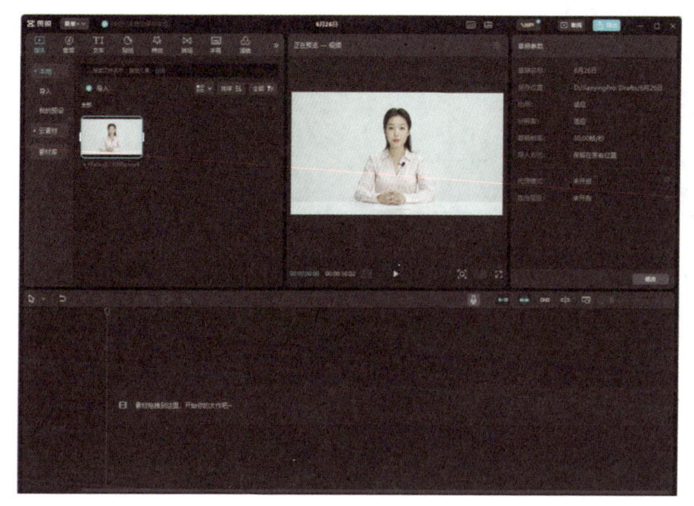

图6-95

02 将视频素材拖动至轨道中，选择“文本”|“新建文本”|“默认文本”选项，将文本添加至轨道，如图6-96所示。

图6-96

03 选中文本，在界面右上方的“基础” 文本框中更改文本内容，如图6-97所示。

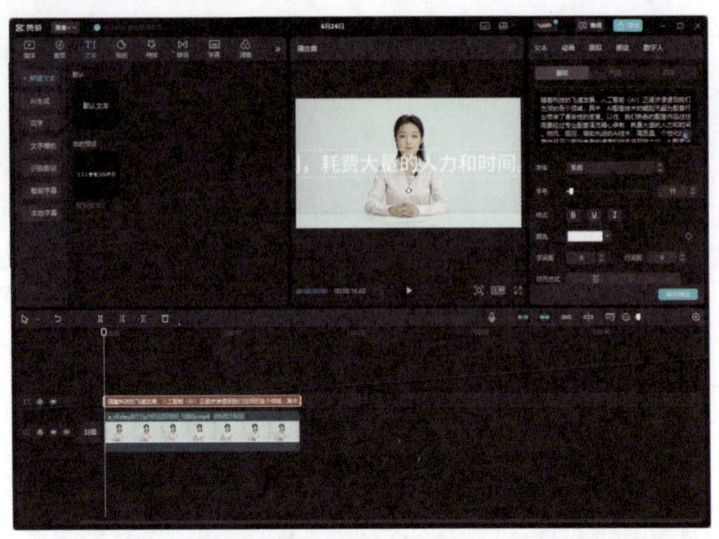

图6-97

04 选择界面右上方的“朗读”选项，为视频选择合适的音色，如图6-98所示。

05 选择音色后，如图6-99所示，单击右下角的“开始朗读”按钮，勾选“朗读跟随文本更新”复选框，即可为视频进行配音，并使配音随文本的改变而更改。

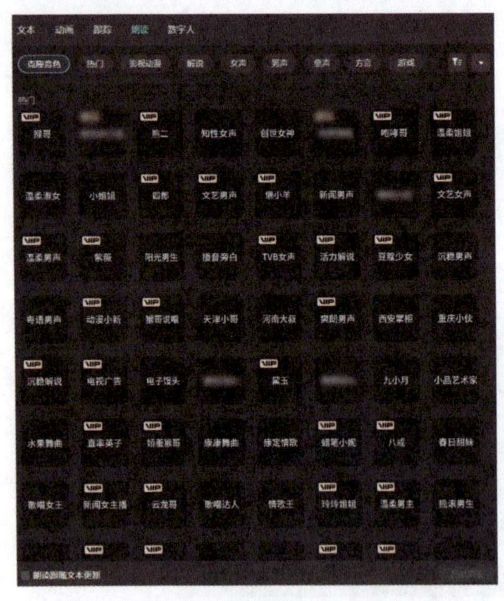

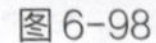

图6-98

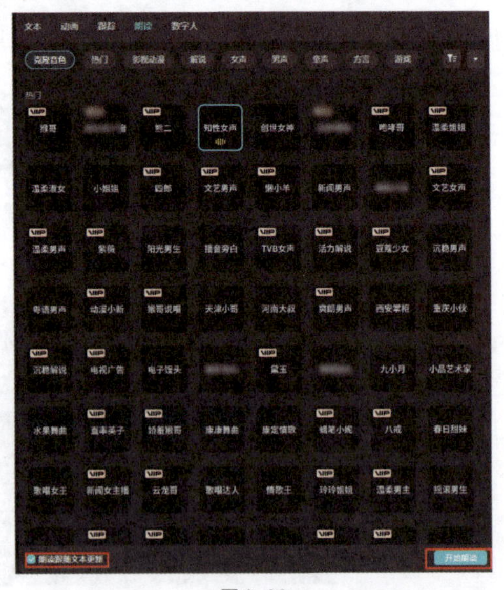

图6-99

06 选中文本，单击“删除”按钮▣，即可完成配音，如图6-100所示。

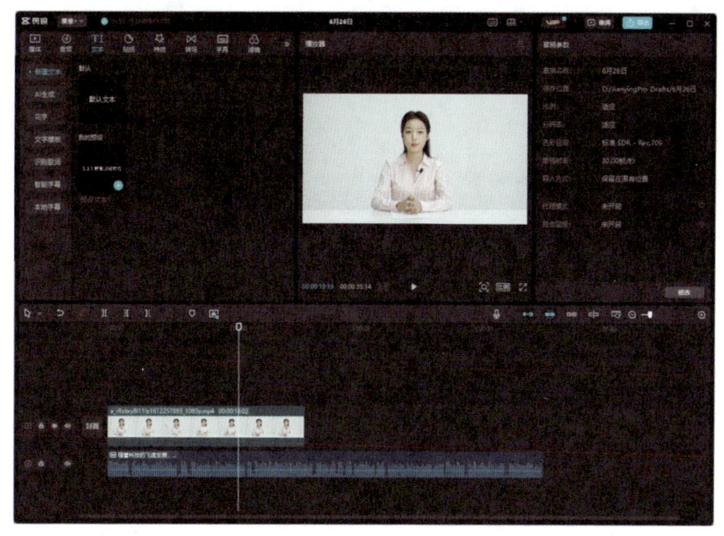

图 6-100

6.3.4 智能抹除

智能抹除主要用于去除视频中的水印、字幕或其他不需要的元素。借助智能抹除功能，用户在上传视频素材后可选择并框定需要去除的区域，系统将自动进行去除处理。下面是使用智能抹除功能的具体方法。

01 打开腾讯智影，在主界面中间选择“智能抹除”选项，如图6-101所示。

图 6-101

02 进入“智能抹除”界面，单击“本地上传”按钮，上传相应的视频素材，如图6-102所示。

图 6-102

03 添加视频素材后，将水印框拖动至有水印的区域（如有字幕，可以拖动字幕框至字幕区域），如图6-103所示。

04 单击“确定”按钮，即可对图像中的水印或字幕进行消除，如图6-104所示。

图 6-103

图 6-104